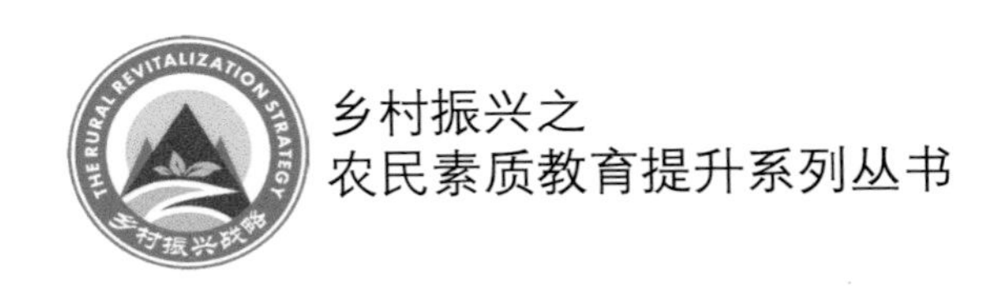

乡村振兴之
农民素质教育提升系列丛书

西瓜栽培技术与病虫害防治图谱

◎ 吴晓林　张　启　主编

中国农业科学技术出版社

图书在版编目（CIP）数据

西瓜栽培技术与病虫害防治图谱 / 吴晓林，张启主编 . —北京：中国农业科学技术出版社，2019. 7

乡村振兴之农民素质教育提升系列丛书

ISBN 978-7-5116-4109-0

Ⅰ. ①西… Ⅱ. ①吴… ②张… Ⅲ. ①西瓜—瓜果园艺—图谱 ②西瓜—病虫害防治—图谱 Ⅳ. ①S651-64 ②S436.5-64

中国版本图书馆 CIP 数据核字（2019）第 059325 号

责任编辑 徐 毅
责任校对 贾海霞

出 版 者 中国农业科学技术出版社
北京市中关村南大街12号 邮编：100081
电 话 （010）82106631（编辑室）（010）82109702（发行部）
（010）82109709（读者服务部）
传 真 （010）82106631
网 址 http: // www.castp.cn
经 销 者 全国各地新华书店
印 刷 者 北京建宏印刷有限公司
开 本 880mm × 1 230mm 1/32
印 张 3.25
字 数 100千字
版 次 2019年7月第1版 2020年 8 月第4次印刷
定 价 30.00元

《西瓜栽培技术与病虫害防治图谱》

编委会

主　编　吴晓林　张　启

副主编　王华君　丁朝歌　甘月明

编　委　海宏文　何　颀　朱　杰

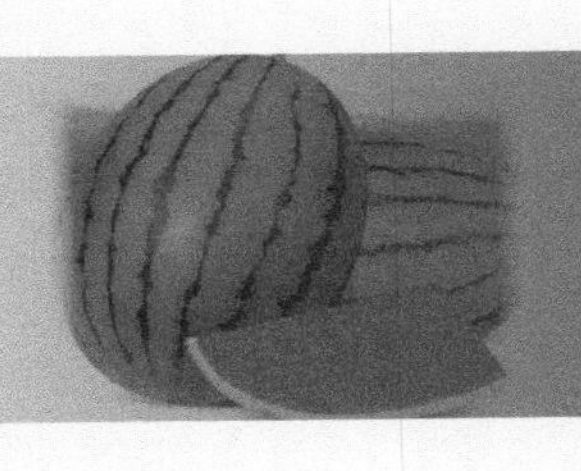

PREFACE 前言

我国农作物病虫害种类多而复杂。随着全球气候变暖、耕作制度变化、农产品贸易频繁等多种因素的影响，我国农作物病虫害此起彼伏，新的病虫不断传入，田间为害损失逐年加重。许多重大病虫害一旦暴发，不仅对农业生产带来极大损失，而且对食品安全、人身健康、生态环境、产品贸易、经济发展乃至公共安全都有重大影响。因此，增强农业有害生物防控能力并科学有效地控制其发生和为害成为当前非常急迫的工作。

由于病虫防控技术要求高，时效性强，加之目前我国从事农业生产的劳动者，多数不具备病虫害识别能力，因混淆病虫害而错用或误用农药造成防效欠佳、残留超标、污染加重的情况时有发生，迫切需要一部通俗易懂、图文并茂的专业图书，来指导农民科学防控病虫害。鉴于此，我们组织全国各地经验丰富的培训教师编写了一套病虫害防治图谱。

本书为《西瓜栽培技术与病虫害防治图谱》，主要包括西瓜栽培技术、西瓜侵染性病害防治、西瓜非侵染性病害防治、西瓜虫害防治等内容。首先，从西瓜品种、西瓜定植、田间管理、采收与贮藏等方面对西瓜栽培技术进行了简单介绍；接着精选了对西瓜产量和品质影响较大的15种侵染性病害、8种非侵染性病害和13种虫害，以彩色照片配合文字辅助说明的方式从病虫害（为害）特征、发生规律和防治方法等进行讲解。

本书通俗易懂、图文并茂、科学实用，适合各级农业技术人员和广大农民阅读，也可作为植保科研、教学工作者的参考用书。需要说明的是，书中病虫害的农药使用量及浓度，可能会因为西瓜的生长区域、品种特点及栽培方式的不同而有一定的区别。在实际使用中，建议以所购买产品的使用说明书为标准。

由于时间仓促，水平有限，书中难免存在不足之处，欢迎指正，以便再版时修订。

编　者

2019年2月

CONTENTS

目　录

第一章 西瓜栽培技术

一、西瓜品种

西瓜品种丰富多样，分布范围广，在不同的生态条件下形成了不同的生态类型。在种植西瓜前，应选好适合自己家乡气候以及地质的品种进行种植。从果型大小来分，常见的优良品种如下。

（一）大果型品种

1. 至尊欣王

至尊欣王早熟，坐果后27天成熟，植株生长强健，单果重均在10～12kg，大果可达20kg以上，大红瓤（图1-1），中心含糖13%，皮薄抗裂，易坐果、丰产性好，抗逆性强，适应性广。

图1-1　至尊欣王

2. 特大麒麟瓜

特大麒麟瓜植株生长健壮，早熟，坐果至成熟27天左右，果实圆形（图1-2），单果重均在7～8kg，大果可达9kg以上，中心含糖14%，品质超甜爽，风味极佳，皮薄抗裂。高抗病害，在北方保护地栽培，极耐低温弱光，在高产露地栽培，不倒瓢不上水，易坐果，栽培容易。

图1-2　特大麒麟瓜

3. 中宁硒砂瓜

中宁硒砂瓜（图1-3）个大皮厚，果实为椭圆形，果皮浓绿色条带。中宁县独特的种植方式和自然条件，生产的西瓜个大、瓤红、汁多、果肉鲜嫩、甘甜如蜜，糖分高达13.8%。生产出的瓜营养元素含量全面合理，特别含有人体保健必需的硒和锌等微量元素，有延年益寿、抗衰老、抗癌作用，独具保健价值，因之得名“硒砂瓜”，是真正无污染的绿色食品。

图1-3　中宁硒砂瓜

（二）中果型品种

1. 京欣二号

京欣二号果实圆形，绿底条纹，条稍窄（图1-4）。单瓜重5～6kg，瓜瓤红色，果肉脆嫩、口感好、甜度高，果实中心含糖量为11.5%以上，皮薄抗裂，成熟后果面蜡粉浓厚，外观漂亮，用任何砧木嫁接不厚皮、不起棱，是瓜农种植的首选品种。

图1-4　京欣二号

2. 京欣三号

京欣三号果实圆形，亮绿底色上有规则绿色窄条纹（图1-5），皮薄，单瓜重5～6kg，瓜瓤红色，中心含糖量12%，肉质脆嫩，口感好，风味佳。

图1-5　京欣三号

3. 航兴一号

航兴一号全生育期90天，果实自然成熟期28天。植株长势中等，果实近圆形，绿色果皮带绿色条纹，上覆白霜（图1-6）。果皮厚1cm，瓤色粉红，质脆而多汁，风味好。果实中心含糖量11.5%以上，平均单瓜重5kg。

图1-6　航兴一号

（三）小果型品种

1. 春玉喜

春玉喜耐低温弱光，果实椭圆形，极早熟，授粉后25天成熟，果重均在2～3kg，肉色大红（图1-7），品质脆甜爽口，皮色鲜绿，抗病性强，春季表现更佳。

图1-7　春玉喜

2. 极品早黄玉

图1-8 极品早黄玉

极品早黄玉全生育期70天左右，极早熟，易坐果，果重均在2kg左右（图1-8），品质好，中心含糖14度，不裂果、不空心、果形均匀。

3. 京秀

京秀西瓜果实发育期28～30天，全生育期85～90天。植株生长势强，果实椭圆形，绿底色，覆盖锯齿形窄条带，果实周正美观（图1-9）。平均单瓜重1.5～2kg，果肉红色，肉质脆嫩，口感好，风味佳。果实中心含糖量12%～13%，糖度梯度小，可适当提早上市。

图1-9 京秀西瓜

二、西瓜定植

（一）瓜地准备

栽培地选用地下水位低、排灌方便、土层深厚的沙壤土。日光温室应在冬前扣好膜，塑料大棚应在定植前20天扣好棚膜，促进秧苗定植后早发根早缓苗，以保障足够的增温时间。确保定植时棚内地温稳定在10℃以上，使棚内地温达到定植要求。移栽前10天造墒，整地做畦，开瓜沟（图1–10），施基肥（图1–11）。单行种植一般按行距1.3～1.4m挖瓜沟，沟宽40cm，沟深30cm。开好瓜沟后，每667m^{2}施用腐熟优质有机肥4～5m^3，同时，施用磷酸二铵和尿素各30～35kg，硫酸钾25～30kg，或施用与上述肥料有效成分相当的其他肥料，肥料与土壤混拌均匀后，做成小高畦，畦高20cm，宽60～65cm，这种做畦方式有利于土壤升温和灌排水，做畦后及时加盖地膜（图1–12），保温保湿。

图1–10　开瓜沟

图1-11　施基肥

图1-12　加盖地膜

（二）适时定植

1. 定植日期

做好畦、覆好膜后，选择适宜的定植期是实现早熟高产的关键措施之一。定植过早，地温过低，不易成活；定植过晚，又达不到早熟的目的。具体的环境条件要求是：西瓜生长的环境日平均温度稳定在10～12℃，最低气温大于5℃，高畦地膜下10cm处地温稳定通过10℃时为定植适期。注意要选择晴朗无风天气定植。北京地区日光温室栽培定植日期一般为2月下旬，塑料大棚栽培定植日期为3月中下旬。

2. 定植方法

将竹棍截成株距的长度，在畦上的定植位置做好标记。用铲子或打孔器打孔（图1-13），然后轻取苗坨，尽可能使土坨完整，置于穴内（图1-14）。秧苗需轻拿轻放，尽量不要损伤根系。将秧苗从营养钵中倒出后，放入定植穴并用细土封实，按穴浇1次水，待水渗后封好定植穴，保持土坨与周边土壤紧密接触。定植的深度以苗坨与垄面相平为宜，过深或过浅都将延长缓苗时间。最后从行间取土封穴。

图1-13 打定植孔

图1-14 将瓜苗放入定植穴内

3. 定植密度

西瓜定植的密度因栽培方式而不同，小型西瓜采用搭架或吊蔓种植，密度为1 200～1 600株/667m^2。采用地爬种植的有籽西瓜密度为700～800株/667m^2，无籽西瓜密度为500～600株/667m^2，小型西瓜密度为600～700株/667m^2。

三、田间管理

西瓜苗期生长缓慢，要早管促早发，伸蔓后控制肥水，防止徒长，为坐果创造条件，选择较好节位进行人工辅助授粉。

（一）水分管理

西瓜整个生长期浇水至少2～3次，西瓜伸蔓后叶片增多（图1-15），日照时间长，需水量加大，须浇1次“抽蔓水”。当幼瓜长至拳头大小时，浇好膨瓜水，保证西瓜产量与品质和正常生长发育。以后可根据当时的气候和土壤墒情决定是否浇水，采收前1周停止浇水。

图1–15　伸蔓期

（二）施肥管理

西瓜是喜肥作物，合理施肥是保证西瓜优质高产的重要措施之一。总的原则是：慎施提苗肥，巧施伸蔓肥，重施膨瓜肥。

在底肥充足的情况下，幼苗期一般不施提苗肥。若发现萎蔫苗或僵苗，可在晴天下午每株浇0.3%磷钾源库+0.4%尿素混合液500ml，也可叶面喷施海精灵生物刺激剂（叶面型）1 000倍液。

抽蔓肥应以氮肥为主，辅以钾肥速效肥料，促进西瓜的营养生长，可配合淋施海精灵生物刺激剂300倍液，以保证西瓜丰产所需的发达根系和足够的叶面积的形成。

果实膨大期之前追施速效化肥，追肥应以钾、氮肥为主，有利于果实产量的形成和品质的改善。后期进行叶面喷肥（图1–16），可用0.2%磷钾源库溶液每隔7～10天喷施1次，共喷2～3次，提高果品。

图1-16　叶片喷施

（三）整枝压蔓

西瓜一般采用双蔓或三蔓整枝（图1-17、图1-18）。双蔓整枝是选留主蔓外，并在主蔓基部选择一条健壮的侧蔓，其余侧蔓全部摘除（图1-19）。这样茎蔓分布合理，叶片通风透光，增强光合作用和抗病能力，从而增加产量提高品质。

图1-17　双蔓整枝

图1-18　三蔓整枝

图1-19　摘蔓

压蔓，可以固定瓜秧，防止被大风吹翻，控制瓜秧生长。当瓜秧主蔓长到30cm左右时，将瓜秧从直立型搬倒，迫使瓜秧向规定的方向生长。压蔓一般有明压和暗压两种方式。明压是指用土块、树枝或用铁丝做成“U”字形（图1-20）等把瓜蔓固定在地面上；暗压是用铲将土壤铲松、拍平，瓜蔓埋压在地下。一般主蔓40～50cm时压第1次，以后每隔4～6节压1次，需压2～3次。

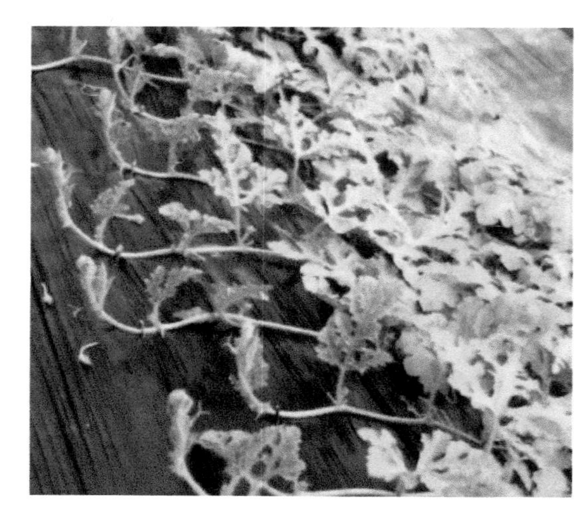

图1-20　压蔓

（四）人工辅助授粉

为保证合适节位的雌花结果，必须进行人工授粉。留果以主蔓第三雌花或侧蔓第二雌花品质最好，产量最高。授粉在每天上午7：00～10：00点进行，早上西瓜开花时，先从授粉品种上采集刚刚开放的雄花（图1-21），将花瓣折向背后，露出雄蕊，然后在当天开放的无籽西瓜雌花（图1-22）柱头上轻抹1周，使其授粉均匀。

图1-21　西瓜雄花

图1-22　西瓜雌花

（五）坐果留果

当幼果长至馒头大小时，果实开始迅速膨大，此时一般不再落果，要及时选择节位好、果形正的果实，双蔓或三蔓整枝每株留1果（图1-23）。

（六）西瓜果实护理

在西瓜开花坐果和果实发育阶段，精心护理果实也是提高西瓜产量和品质的关键环节。护理的措施有护瓜、垫瓜、翻瓜（图1-24）、竖瓜、晒瓜和盖瓜等。若是立架栽培的，则须在0.5kg时用尼龙网袋吊瓜，以防落瓜。

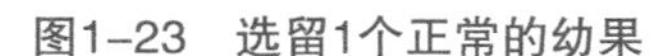

图1-23　选留1个正常的幼果

图1-24　翻瓜

四、采收与贮藏

西瓜采收因品种、栽培季节、种植方式、供应时期等不同而有所差别。可通过以下辨别方式作为采收依据。

一是日期。在授粉时标记授粉日期，根据日期判断是否成熟。一般中果型西瓜自授粉后30～35天成熟，小果型西瓜28～32天成熟。

二是卷须。坐果节卷须从尖端起1/3干枯可作为西瓜成熟适宜标志，但应区别由于机械损伤引起的干枯。

三是果形皮色。果实成熟时，膨大停止，果梗茸毛消失，着花部位凹陷。果皮富有光泽，果面条纹和网纹鲜明。

四是果实弹力。成熟果实用手指压其蒂部感到有弹力，稍用力即有果肉开裂的感觉。用一只手托住瓜，另一只手敲弹瓜体，声音清脆为生瓜，声音沉稳、有弹性，稍混浊的为熟瓜，声音沙哑的为过熟瓜或空心瓜。

长途运输的西瓜，采收时间尽量选在傍晚，采收后在田间堆晾散热后（图1-25）再包装和装运为宜。包装的衬垫物一般视运输距离和工具而定。普通农用三轮车、拖拉机短途运输的西瓜多不用包装，但车底和四周应垫以稻草等物，以免碰伤。在选择运输工具时，应以经济、安全、快速为原则，尽量减少中间环节。最好是1次周转能由产区直接送到销区市场或直销客户。在装运时要做到轻装、轻卸，途中避免剧烈震动和机械碰撞，减少运输损失。

图1-25　采收的西瓜

西瓜根据贮藏时的温度可以分为常温贮藏和低温贮藏。常温贮藏是利用阴凉通风普通房屋和仓库，如利用地下室或防空洞作贮藏库，可放3～4层西瓜（图1-26），温度高时应采取降温措施，贮藏室的门窗应经常打开，尤其是夜间，以通风降温，在地下室或防空洞应打开排风扇通风。应经常翻瓜堆，发现病瓜、烂瓜及时剔除。

图1–26 西瓜的码放

第二章
西瓜侵染性病害防治

一、细菌性角斑病

细菌性角斑病是西瓜大棚生产前期及大田生产中、后期常见的病害，也是西瓜上的重要病害之一，以晚春至早秋的雨季发病较重。该病主要为害西瓜、甜瓜、黄瓜、节瓜、西葫芦等。

（一）病害特征

该病害主要发生在叶、叶柄、茎蔓、卷须及果实上。在苗期子叶上呈水浸状圆形或近圆形凹陷小斑，后扩大并呈黄褐色多角形病斑，子叶逐渐干枯。成叶上病斑初为透明水浸状小点，随着病程的发展受到叶脉限制而成多角形黄褐斑（图2-1），后多个病斑连在一起。潮湿时，叶背病斑处有白色菌脓。最后病斑成为浅黄色，周围有黄色晕环，干燥时病斑中央变褐色或灰白色，易干枯破裂穿孔。茎蔓、叶柄，果实受害后，初期为水浸状圆形斑，潮湿时也有菌脓溢出，干燥时病斑呈灰白色，常形成开裂或溃疡（图2-2）。

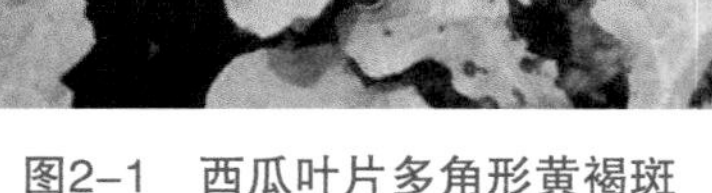

图2-1　西瓜叶片多角形黄褐斑

图2-2　西瓜茎蔓溃疡

（二）发生规律

病原细菌在种了上或随病残体留在土壤中越冬，成为翌年的初侵染源。病原细菌借风雨飞溅、昆虫和农事操作中人为的接触进行传播，从西瓜的气孔、水孔和伤口侵入。细菌侵入后，初在寄主细胞间隙中，后侵入到细胞内和维管束中，侵入果实的细菌则沿导管进入种子，造成种子带菌。温暖高湿条件下，即气温21～28℃，相对湿度85%以上，有利于发病：多雾、多露也有利于病害发生；多雨、低洼地及连作地块发病重。以开花、坐果期至采收期最易感病。

（三）防治方法

1. 农业防治

（1）与禾本科作物进行3年以上的轮作。

（2）火棚加强通风，降低棚室湿度。

（3）生长期间或收获后清除病叶、病株，集巾深埋或烧毁。

（4）无病瓜采种和作种子处理。播前种子用2.5%咯菌腈（适乐时）悬浮种衣剂包衣处理，或用55℃温水浸种1～2小时，或用100万单位硫酸链霉素500倍夜浸种2小时，而后催芽、播种。

2. 药剂防治

（1）灭虫。发现食叶甲虫，及时进行防治，切断病菌传播桥梁。

（2）预防。发病前可选用33.5%喹啉铜悬浮剂1 000倍液，或30%碱式硫酸铜悬浮剂400～500倍液。

（3）防治。发病初期可选用20%噻菌铜600倍液，或20%叶枯唑（猛克菌）600倍液，或72%农用链霉素4 000倍液，或47%春雷氧氯铜（加瑞农）可湿性粉剂800倍液，或链霉.土霉素（新植霉素）3 000～4 000倍液进行防治，每7天喷1次，连续喷2～3次。

二、白粉病

白粉病是一种分布广泛，为害较重的病害。白粉病俗称“白毛病”“粉霉病”。我国南方和北方不论温室、大棚及露地栽培的瓜地均有发生，多发生在结瓜期及成熟期。病害一旦发生，常发展迅速，若不及时防治，常导致瓜叶枯焦，致使果实早期生长缓慢，植株早衰严重影响瓜的品质和产量。

（一）病害特征

白粉病主要为害叶片，其次是叶柄和茎，一般不为害果实。发病初期叶面或叶背产生白色近圆形星状小粉点（图2-3），以叶面居多，当环境条件适宜时，粉斑迅速扩大，连接成片，成为边缘不明显的大片白粉区，上面布满白色粉末状霉，严重时整叶面布满白粉（图2-4）。叶柄和茎上的白粉较少。病害逐渐由老叶向新叶蔓延。发病后期，白色霉层因菌丝老熟变为灰色，病叶枯黄、卷缩，一般不脱落。当环境条件不利于病菌繁殖或寄主衰老时，病斑上出现成堆的黄褐色的小粒点，后变黑（即病菌的闭囊壳）。

图2-3　白粉病初期症状　　图2-4　白粉病后期症状

（二）发生规律

一般是秋植瓜发病重于春植瓜，但5—6月如雨日多，田间湿度大时，春植瓜的发病较重。病菌附着在土壤里的植物残体上或寄主植物体内越冬，次春病菌随雨水、气流传播，不断重复侵染。该病对温度要求不严格，但湿度在80%以上时最易发病，在多雨季节和浓雾露重的气候条件下，病害可迅速流行蔓延，一般10～15天后可普遍发病。但当田间高温干旱时能抑制该病的发生，病害发展缓慢。如管理粗放，偏施氮肥，枝叶郁闭的田间，该病最易流行。

（三）防治方法

（1）选用抗病耐病品种。卫星系列西瓜品种抗病性较好。

（2）合理轮作。与禾本科作物实行3～5年轮作。

（3）加强栽培管理。科学施肥，合理密植，旱时做好灌溉，涝时做好排水，远离菌源选地，增强植株抗病力；露地和保护地西瓜收获后，均应彻底清理瓜株病残体，集中销毁，减少菌源，减轻病害发生。

（4）药剂防治。发病初期立即喷药，可喷农抗“120”150～200倍液，或70%甲基托布津可湿性粉剂800～1 000倍液，或60%百菌通400倍液，7～10天喷1次，防治2～3次。

三、猝倒病

猝倒病是西瓜苗期的主要病害，在气温低、土壤湿度大时发病严重，各地瓜区均有发生。

（一）病害特征

刚出土的幼苗表现为茎基部呈水浸状病斑（图2-5），病部变成黄褐色而缢缩成线状。病害迅速扩展，以至子叶尚未凋萎时幼苗就已倒伏。倒伏后的病株短期内仍为绿色，与健壮植株无明显区别，而病部则已腐烂。发病严重时，可使幼苗未出土时胚轴和子叶已变褐，腐烂而死亡。湿度大时在寄主表面及周围的土地上长出一层的白色絮状物。3～5天即可使幼苗成片猝倒。

图2-5　猝倒病症状

（二）发生规律

猝倒病由真菌引起。病菌以卵孢子或菌丝在病残体上或在土壤中越冬，在土温10 ~ 15℃时病菌繁殖最快，30℃以上则受到抑制。低温高湿、光照不足有利发病。

（三）防治方法

（1）选无病新土育苗，以塘泥或河池土为好，或者选用没有种过瓜类作物的大田地作苗床，肥料要充分腐熟。若有条件可进行土壤消毒，在播种前2 ~ 3周翻松床土，喷洒40%福尔马林，每平方米床面用原液30mL，加水2 ~ 4L，喷液后覆盖薄膜，4 ~ 5天后揭开，耙松放气，或用40%五氯硝基苯与50%代森锌，或五氯硝基苯与福美双等量混合，每平方米苗床8 ~ 10g与20 ~ 30kg细土混匀，取1/3药土铺底，播种后将2/3药土盖在种子上。

（2）加强苗床保温措施，防止冷风侵入苗床，播前浇足底水，播种后苗期尽量少浇水或不浇水，避免土壤湿度过大。若湿度过大时，可撒些细干土或草木灰进行预防。

（3）采用药剂防治，幼苗发病时，应及时喷64%杀毒矾可湿性粉剂500倍液，或58%瑞毒锰锌可湿性粉剂600倍液，或喷50%多菌灵可湿性粉剂500倍液，或70%敌克松可湿性粉剂1 000倍液等，视病情5 ~ 7天喷1次，连续喷雾3 ~ 4次。

四、疫病

疫病俗称“死秧病”，发病后病株很快萎蔫死亡，是近几年来逐渐发展起来的一种病害，为害程度逐年加重。

（一）病害特征

疫病主要为害幼苗、叶、茎，果实亦可受害。根颈部发病，初期产生暗绿色水渍状病斑，病斑迅速扩展，茎基部呈软腐状，有时长达10cm以上，植株萎蔫青枯死亡，维管束不变色，有时在主根中下部发病，产生类似症状，病部软腐，地上部青枯。叶片染病时，则生暗绿色水渍状斑点，扩展为近圆形或不规则大型黄褐色病斑，天气潮湿时全叶腐烂，干燥时病斑极易破裂。严重时，叶柄、瓜蔓也可受害，症状与根茎部相似。果实染病时，生暗绿色近圆形水渍状病斑，潮湿时病斑凹陷腐烂长出一层稀疏的白色霉状物（图2-6）。

图2-6　疫病症状

（二）发生规律

疫病是由真菌引起的。病菌以菌丝体、卵孢子或厚垣孢子在土壤病残体上或未腐熟的粪肥中越冬。翌年在条件适合时，病菌借风雨、灌溉水传播，进行初侵染。植株发病后，在病斑上产生新孢子囊和萌发游动孢子，又借风雨传播，进行再侵染。湿度是决定此病流行的关键因素，其次是温度，病菌发病的适宜范围为5～37℃，最适为28～30℃。一般雨季来得早、降水时间长、雨量大，则发病早且重，田间发病高峰往往紧接在雨量高峰之后。

（三）防治方法

（1）加强田间管理，实行5年以上的轮作，并对种子实行消毒灭菌处理。施用充分腐熟的有机肥料，控制浇水，及时排涝。

（2）采用药剂防治措施。用58%甲霜灵锰锌可湿性粉剂500倍液，或75%百菌清可湿性粉剂600倍液，或40%乙膦铝可湿性粉剂200～300倍液，或25%的甲霜灵粉剂350倍液。喷雾，每隔5～7天喷1次。药剂应交替使用，以防产生抗药性，注意雨后进行补喷。

五、菌核病

菌核病在塑料大棚、温室和露地栽培均可发病，但以塑料大棚和温室发生较为严重。从苗期至成株期均可侵染，主要为害茎蔓和果实。

（一）病害特征

叶、叶柄、幼果染病，初呈水渍状，后软腐，其上长出大量白色菌丝，渐形成黑色鼠粪状菌核。茎蔓受害，初期在主侧枝或茎部呈水浸状褐斑。高湿条件下，长出白色菌丝（图2-7）。茎髓部遭受破坏，腐烂中空或纵裂干枯。果实染病多在残花部，先呈水浸状腐烂，长出白色菌丝，后逐渐扩大呈淡褐色（图2-8），缠绕成黑色菌核。

（二）发生规律

病菌以菌核在土壤中或混杂在种子间越冬或越夏。越冬或越夏后的菌核，遇雨或浇水即萌发，1年中有2个萌发时期，北方地区为4—5月和9—10月，南方地区为2—3月和11—12月。菌核萌发后产生子囊盘和子囊孢子，子囊孢子成熟后，稍受震动即行喷出，有如烟雾，肉眼可见。子囊孢子随风、雨传播，特别是在大风中可作远距离传播，也可通过地面流水传播。子囊孢子对老叶和花瓣的侵染力强，在侵染这些组织后，才能获得更强的侵染力，再侵染健叶和茎部。田间发病后，病部外表形成白色的菌丝体，通过植株间的接触进行再侵染，特别是植株中、下部衰老叶上的菌丝体，是后期病害的主要来源。发病后期，在病部上形成菌核越冬或越夏。

图2-7　茎蔓症状

图2-8　果实症状

（三）防治方法

（1）水旱轮作。沿海地区春大棚西瓜6月底清田后接茬栽插水稻，菌核在水中1个月就会腐烂。

（2）种子消毒。用50℃温水浸种10～15分钟可杀死菌核。

（3）覆膜抑菌。定植前畦面全部覆盖地膜，可以抑制子囊盘出土释放子囊孢子，减少菌源。

（4）调温控湿。推广应用膜下软管滴灌技术，既节约用水又降低棚内湿度。早春晴天上午以闷棚为主，让棚顶水珠雾化，中午及时通风散湿，夜晚注意覆盖保温，减少叶片结露。

六、枯萎病

西瓜枯萎病又称蔓割病、萎蔫病，是西瓜生产中发生最严重的病害之一，往往造成严重减产，甚至绝收，是限制西瓜重茬的主要因素。

（一）病害特征

枯萎病从苗期到成熟期均可发病，以抽蔓期到结果期发病最重。苗期发病子叶萎缩下垂，真叶皱缩，枯萎变黄，根部变成黄白色，须根少，茎基部成淡黄色，瓜苗倒伏枯死（图2-9）。成株发病生长缓慢，茎基部变软，呈黄绿色水渍状，后逐渐干枯，表皮粗糙，根茎部纵裂如刀割。发病初期植株白天萎蔫，早晚正常，病情加重后早晚也无法恢复正常，最后全株枯死。空气潮湿时，茎基部呈水渍状腐烂，有白色至粉红色霉状物，后期病斑上流出黄色至褐色黏稠的树脂状分泌物，纵向剖开病株的根或茎蔓，可见维管束变褐色（图2-10）。

图2-9　瓜苗倒伏

图2-10　茎部维管束变褐色

（二）发生规律

西瓜枯萎病是真菌引起的通过土壤传染的病害。病菌以菌丝体、厚垣孢子或菌核在土壤、病残体或厩肥中越冬，成为次年的初侵染源。附在种子表面的分生孢子也能越冬。病菌通过植株根部伤口或根毛顶部细胞间隙侵入，在8～34℃时都可使植株致病，但以24～28℃最为适宜，久雨后的晴热天气，久旱遇大雨或时雨时晴易于发病，在酸性土壤及施肥不当特别是偏施氮肥均利于发病，重茬地块发病严重。

（三）防治方法

西瓜枯萎病以防为主，一旦发病，一般情况很难治愈，只能减轻症状。

（1）合理轮作倒茬，轮作年限旱地为7～8年，水田3～4年。

（2）苗床土消毒，育苗用土壤和肥料选用无菌土，一般土壤可用50%多菌灵可湿性粉剂1：50的药土撒施床面，每平方米苗床撒0.1kg。

（3）采用换根嫁接栽培，具体参看嫁接栽培部分。

（4）药剂防治，发病初期药液灌根，用25%苯来特可湿性粉剂，或25%多菌灵可湿性粉剂400倍液，或70%敌克松可湿性粉剂1 000倍液，或70%甲基托布津500倍液等药剂灌根。

七、炭疽病

炭疽病在西瓜整个生长期内均可发生，但以植株生长中后期发生最重，造成茎叶枯死，果实腐烂，是收获后果实贮藏期和运输中的主要病害。

（一）病害特征

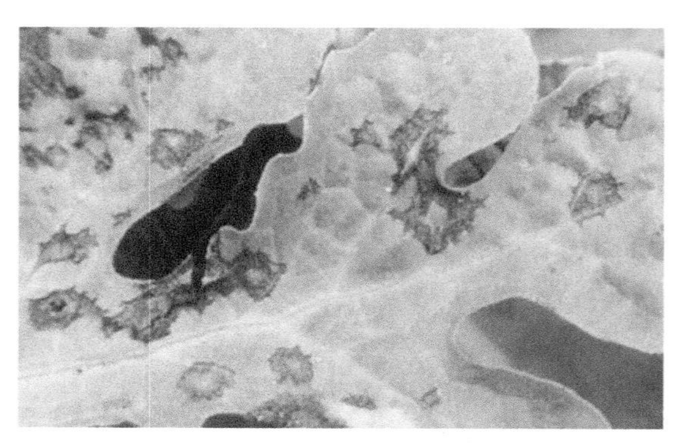
图2-11　叶子中的黑褐色病斑

炭疽病主要为害叶片，也可为害茎蔓、叶柄和果实。幼苗受害子叶边缘出现圆形或半圆形褐色或黑褐色病斑（图2-11），外围常有黑褐色晕圈，其病斑上常散生黑色小粒点或淡红色黏状物。近地面茎部受害，其茎基部变成黑褐色且缢缩变细猝倒。瓜蔓或叶柄染病，初为水浸状黄褐色长圆形斑点，稍凹陷，后变黑褐色，病斑环绕茎一周后，全株枯死。叶片染病，初为圆形或不规则形水渍状斑点，有时出现轮纹，干燥时病斑易破碎穿孔。潮湿时病斑上产生粉红色黏稠物。果实染病初为水浸状凹陷形褐色圆斑或长圆形斑（图2-12），常龟裂，湿度大时斑上产生粉红色黏状物（图2-13）。

图2-12　果实中水浸状凹陷形褐色斑

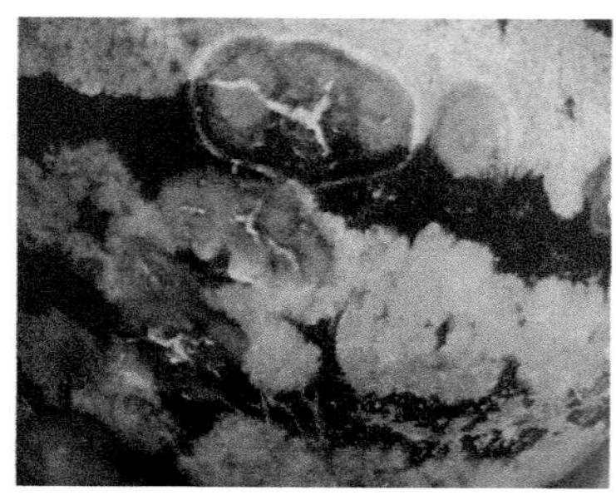
图2-13　粉红色黏状物

（二）发生规律

该病是由真菌引起的。病菌主要在病残体上越冬，种子也可带菌。田间借飞溅的雨水和灌溉水传播。病菌生长最适温度为24℃，30℃以上或10℃以下停止生长。田间气温在18℃左右开始发病，当气温在22～24℃，相对湿度在95%以上时发病最重，天气时雨时晴发病重，炎热夏天很少发病。湿度越低，此病越轻，当相对湿度降到54%以下时就不会发病。

（三）防治方法

（1）加强田间管理。控制氮肥施用量及次数防止徒长，保持田间良好的透气性。保护地栽培时注意降低棚内温度，浇水时应避免大水漫灌。

（2）采用药剂防治。用50%甲基托布津可湿性粉剂500～800倍液，或65%代森锰锌可湿性粉剂500倍液；或80%炭疽福美可湿性粉剂800倍液，或50%扑海因可湿性粉剂1 000～1 500倍液喷雾，每隔5～7天喷1次，叶片两面均要喷药。

（3）防止果实在贮运期发病，果实成熟后要适时采收，收瓜一般选晴天进行。西瓜采收后用40%福尔马林100倍液擦洗瓜皮，进行消毒。贮运期间保持较低湿度，并注意通风排湿。

八、阴皮病

西瓜“阴皮病”，是我国西瓜产区发病较重，为害面积较广的细菌性病害。

（一）病害特征

发病初期在西瓜果实表面出现不容易发现的水浸状小斑点，

以后迅速发展扩大，成不规则水浸状大块病斑（图2-14）。病斑多发生在果实的上表面，后期果实开裂小口。病斑与果实表面健部界线明显，随病程发展，果实的肉质也随之腐烂，失去商品价值。

图2-14　水浸状大块病斑

（二）发生规律

该病菌可能是残留在土壤或病株残体中，西瓜坐瓜后到果实成熟期均可发病。7—8月的高温、高湿有利于病菌侵染发病。农家肥施用量少，氮、磷、钾、钙肥比例不均衡、氮素偏多、植株营养不良均可导致植株抗逆性及抗病性降低发病重。重茬地发病重，品种的皮色不同，抗病性也有很大的差异。果皮淡绿色的品种最易感病，果皮颜色深或有深绿色条纹的品种耐病，果皮深绿色或墨绿色及黑色的品种耐病性最强。

（三）防治方法

1. 农业防治

（1）清理田间病株残体。西瓜收获后，在整地前或清理田间将病残体烧掉，以减少翌年初侵染源。或田间发现中心病株后立即拔掉，到远离瓜田处烧掉或深埋。

（2）轮作。种植西瓜的地块，最好实行3～5年以上的轮作，减少病菌的寄生、繁殖及侵染的机会和减少土壤中的含菌量。

（3）选用抗病或耐病品种。选用瓜皮深绿色，瓜皮带有深绿条纹、瓜皮墨绿色及黑色的品种。因这些品种的耐病性或抗病性比较好。

（4）合理施肥。每亩①施用充分腐熟的优质农家肥5 000kg以上，过磷酸钙50kg以上，磷酸二铵15kg，硫酸钾10kg以上。减少氮肥的用量，适当增加磷、钾、钙肥的用量。以改善和均衡养分状况，达到养分均衡供应，提高植株的抗逆性和抗病性。

2. 化学防治

（1）发病初期，果皮上刚刚出现小斑点时用绿保牌菌毒杀星3 000倍液加100万单位的兽用链霉素4只或80万单位的兽用链霉素5～6只（15kg水即一喷雾器的容量）喷雾，共喷施2次，每隔5～7天喷1次。

（2）在发病后期病斑似手指肚大小时，用刀片将病斑处的带菌果皮刮掉，露出白色瓜皮（白茬），然后用100万单位的兽用链霉素4只（80万单位的6只）加菌毒杀星配成1 500倍液，加食用面粉制成面糊在上午9：00前，下午17：00后均匀地涂抹在已经刮好的病部上。3天涂1次，涂抹3～4次基本可保证西瓜的商品价值。

九、叶枯病

西瓜叶枯病是为害西瓜叶部的一种病害，近几年来有逐渐加

---

① 1亩≈667m^2。全书同

重的趋势，在西瓜生长的中后期，特别是多雨季节或暴雨后，往往发病急且发展快，使瓜叶迅速变黑焦枯，失去光合作用能力，严重影响西瓜的品质和产量。

（一）病害特征

西瓜叶枯病主要为害西瓜的叶部。子叶染病初期多在叶缘生水浸状小点，后变成淡褐色至褐色。圆形或半圆形水浸状病斑，扩展到整片子叶后干枯。真叶染病初发时在叶背面叶缘或叶脉间，出现明显的水浸状小点，湿度大可使叶片失水青枯，湿度小气温高易形成2～3mm圆形至近圆形褐斑布满叶面，后融合为大斑，病部变薄，形成枯叶现象（图2-15）。茎蔓染病，产生棱形或椭圆形稍凹陷斑。果实染病，在果面上出现四周稍隆起的圆形褐色凹陷斑，可逐渐深入果肉引起腐烂，湿度大时病部长出灰黑色至黑色霉层。

图2-15　叶枯病症状

（二）发生规律

该病菌称瓜链格孢菌，半知菌亚门真菌，病菌以菌丝体和分生孢子在病残体、土壤、种子上越冬，成为第二年初侵染源。生长期间病部产生的分生孢子通过风雨传播，进行多次重复再侵染，传播蔓延很快。病菌在气温10～36℃相对湿度高于80%条件下均可发病，多雨天气、相对湿度高于90%易流行或大发生。西瓜生长后期——西瓜膨大期，可使大片瓜田叶片枯死，严重影响产量。连作地、偏施或重施氮肥及土壤瘠薄或积水，植株抗病力弱发病重，连续天晴、日照长对该病有抑制作用。

（三）防治方法

（1）选用适宜当地栽培的抗病品种。好庆发十二号、庆红宝、庆农5号等。

（2）西瓜收获后清洁田园，集中烧毁或深埋。不要在田边堆放病残体，及时清理田园，翻晒土地，减少菌源。

（3）种子消毒。种子用55℃温水浸种15分钟后，用75%百菌清可湿性粉剂或50%扑海因可湿性粉剂1 000倍液浸种2小时，冲净后催芽播种。

（4）采用配方施肥技术、避免偏施过量氮肥。

（5）化学防治。发病初期或降雨前可喷施75%百菌清可湿性粉剂500～600倍液、50%扑海因可湿性粉剂1 000倍液，发病后或湿度大时可喷施80%大生M-45可湿性粉剂600倍液、50%速克灵可湿性粉剂1 500倍液、70%代森锰锌可湿性粉剂400～500倍液，每667m^{2}喷施药液60kg，每隔5～7天喷1次，连喷3～4次，并注重雨后补喷和田间排水。

十、绵腐病

绵腐病是瓜类采收成熟期常见的病害，黄瓜、节瓜、冬瓜发生较多，葫芦瓜、南瓜、甜瓜等也有发生。

（一）病害特征

苗期染病，引起猝倒，结瓜期染病主要为害果实。贴土面的西瓜先发病，病部初呈褐色水渍状，后迅速变软，致整个西瓜变褐软腐（图2-16）。湿度大时，病部长出一层厚的白色绵毛（图2-17），即病原菌的菌丝体。本病也可致死秧。

图2-16　褐软腐

图2-17　白色绵毛

（二）发生规律

病菌以卵孢子在土壤或以菌丝体在病残体上越冬。翌春遇适宜条件，卵孢子或菌丝体上形成的孢子囊萌发产生游动孢子，或直接长出芽管侵入寄主，借灌溉水或雨水溅附到贴近地面的根茎或果实上引起发病。病菌生长的最适温度为22～25℃，分生孢广形成的相对湿度为95%。通常地势低洼、土壤黏重、地下水位高、雨后积水，或浇水过多，田间湿度高等均有利于发病。结果期阴雨连绵，果实易染病。

（三）防治方法

1. 农业防治

（1）选择地势高燥，灌排方便的地块种植。

（2）采用地膜覆盖，高垄栽培。

（3）加强田间管理，合理排灌，防止雨后积水。

（4）清洁田同，及时清除田间病株和病瓜，集中田外销毁，消灭侵染源。

2. 药剂防治

发病初期喷施72.2%霜霉威（普力克）800倍液，或15%恶霉灵（土菌消）水剂450倍液，每10天喷1次，交替使用药剂。

十一、蔓枯病

蔓枯病又称黑腐病、褐斑病，是西瓜的常见病。全国西瓜产区均有发生。在多雨天气，植株生长茂密，生长中后期发生普遍。近年来，该病有发展态势。

（一）病害特征

叶片受害时，最初出现褐色小斑点，逐渐发展成直径1～2cm的病斑（图2-18），近圆形或不规则圆形，其上有不明显的同心轮纹。老病斑有小黑点，干枯后呈星状破裂。茎受害时，最初产生水浸状病斑（图2-19），中央变为褐色枯死，以后褐色部分呈星状干裂，内部木栓状干腐。瓜果染病初期，形成不定形水渍状褐色坏死小斑，迅速发展成近圆形灰褐色水渍状坏死大斑，随病害发展病瓜腐烂，最后在病斑表面产生黑色小点（图2-20）。

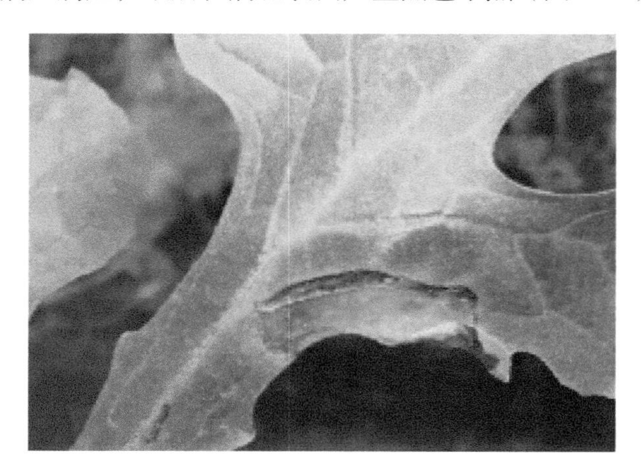

图2-18 蔓枯病病叶

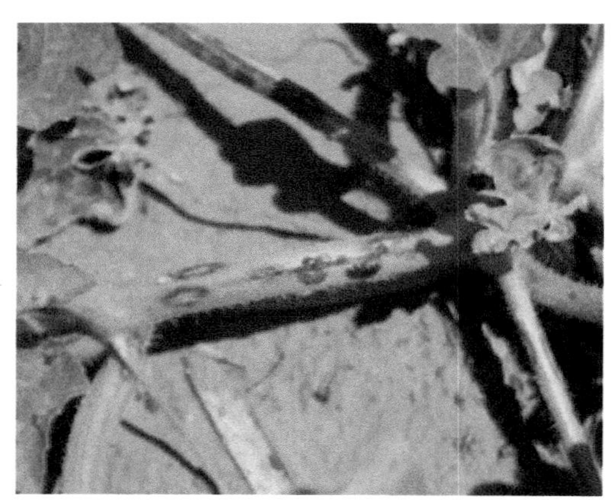

图2-19 蔓枯病病茎

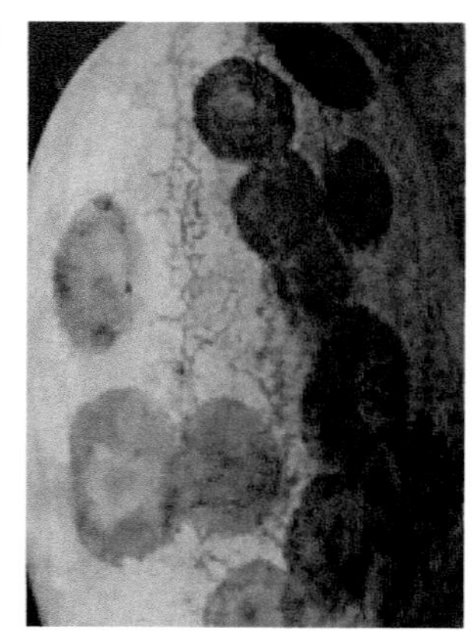

图2-20 蔓枯病病瓜

蔓枯病症状与炭疽病症状相似，其区别在于病斑上不发生粉红色的黏稠物，而是发生黑色小点状物。该病与枯萎病不同的是病势发展较慢，常有部分基部叶片枯死而全株不枯死，维管束不变色。

（二）发生规律

以分生孢子及子囊壳在病体上、土壤中越冬，种子表面亦可带菌，翌年气候条件适宜时，散出孢子，经风吹，雨溅传播危害。病菌主要通过伤口、气孔侵入内部。病菌在温度6～35℃范围内都可侵入进行危害，发病的最适温度为20～30℃。在55℃条件下10分钟死亡。高温多湿、通风不良的田块，容易发病。pH值3.4～9时均可发病，但以pH值为5.7～6.4时最易发病。缺肥、长势弱有利于发病。

（三）防治方法

（1）选用无病的种子，播种进行种子消毒，用50%福美双可湿性粉剂500倍液浸种5个小时。

（2）加强培育管理，合理施肥，重施农家肥，控制氮肥，增施磷钾肥，加强排水，注意通风透光，增强植株的生长势。

（3）及时清除、烧毁病株残体。

（4）药剂防治。要做到早用药，及时用药，出现发病中心时抓好雨前、雨后间隙用药。通常用70%甲基托布津可湿性粉剂500倍液，43%好力克悬浮剂5 000倍液，80%大生可湿性粉剂500倍液，10%世高水分散粒剂1 500倍液和70%甲基托布津500倍液喷雾。每隔7天喷1次，一般3～4次。用70%敌克松可湿性粉剂或70%甲基托布津可湿性粉剂500倍，或福尔马林100倍液涂抹病部，可收到良好效果。扒土晒根茎部，可控制病情。

十二、立枯病

立枯病又称“死苗病”，也是西瓜苗期常发病害之一。刚出土的幼苗和后期的大龄瓜苗均可发病，但主要发生在苗期的中、后期。

（一）病害特征

播种后到出苗前受害，可引起烂种和烂芽。幼苗受害，根部、茎基部出现黄褐色长条形或椭圆形的病斑。发病初期，病苗白天萎蔫，夜间恢复正常，当病斑绕茎扩展一周时，病部凹陷，茎基部干枯缢缩（图2-21），病苗很快萎蔫、枯死，但病株不易倒伏，呈立枯状。在湿度大的条件下，病部及周围土面可见蛛网状淡褐色霉层，发病严重时，常造成秧苗成片死亡。

图2-21　立枯病症状

（二）发生规律

病菌以菌牲和菌核在土壤或寄主病残体上越冬，腐生性很强，可在土壤中存活2～3年。病菌通过雨水、流水、沾有带菌土壤的农具以及带菌的堆肥传播，从幼苗茎基部或根部伤口侵入。病菌生长的适宜温度为17～28℃。感病生育期在幼苗期。苗床连作、棚内温度过低、湿度过高、播种过密、光照差、通风小佳、排水小良、土壤黏重，通气性差、管理粗放等的田块发病重。年度间早春低温阴雨天气多的年份发病严重。

（三）防治方法

1. 农业防治

合理控制苗床的温湿度，苗床湿度过大时，可撒上一层干细土吸湿；要小水、小肥轻浇；注重适时、适度通风换气；加强调查，及时拔除病苗、死苗。

2. 防治药剂

可选25%嘧菌酯（阿米西达）1 500倍液，或95%恶霉灵4 000倍液喷雾或土壤处理。

十三、根腐病

（一）病害特征

西瓜根腐病主要为害西瓜根和茎基部。西瓜播种后到出苗前，受到病菌侵害造成烂种、烂芽。出土后瓜苗在子叶期受害，地上部分萎蔫，拔出病根可见根尖呈黄色或黄褐色腐烂（图2-22），严重时蔓延至全根，致地上部枯死。移栽后植株发病，初呈水渍状，后呈浅褐至深褐色腐烂，病部不缢缩，其维管束变褐色，但不向上扩展，可与枯萎病相区别，后期病部组织破碎，仅留丝状维管束。

图2-22 根腐病病根

（二）发病规律

以菌丝体、厚垣孢子或苗核在土壤中及病残体上越冬。病菌从根部伤口侵入，后在病部产生分生孢子，借雨水或灌溉水传播蔓延，进行再侵染。低温、高湿利其发病，连作地、低洼地、黏土地或下水头发病重。晴天、少雨，病害发展慢，为害轻。阴雨天或浇水后，病害发展快，为害重西瓜根结线虫为害重的瓜田，西瓜根腐病为害也较重。露地西瓜在4月下旬至5月上旬为根腐病始发期，5月中、下旬为发病盛期。

（三）防治方法

1. 农业防治

（1）轮作。与十字花科、百合科、豆科实行3年以上轮作。

（2）合理施肥。施用充分腐熟的有机肥，采用配方施肥技术，提高抗病力。用微补促根增甜液浇根，促进根系发达。

（3）采用高畦或起垄栽培，铺地膜，防止大水漫灌，雨后及时排水，苗期发病的要及时松土，提高地温，增强土壤通透性。

2. 药剂防治

发病初期用50%异菌脲（秀安）1 000倍液，或50%多菌灵600倍液灌根。

十四、病毒病

西瓜病毒病是影响产量和品质的重要病害之一。

（一）病害特征

病毒病分花叶和蕨叶2种。花叶型主要表现在叶片上有黄绿相间的花斑（图2-23），叶面凹凸不平，新生叶片畸形，叶小蔓短，顶梢上翘。蕨叶型则突出的症状是植株矮化，新生叶片狭长、皱缩、扭曲（图2-24），花器发育不良，坐果减少。果实受害变小、畸形，引起田间植株早衰死亡，甚至绝收。

图2-23　花叶型花斑

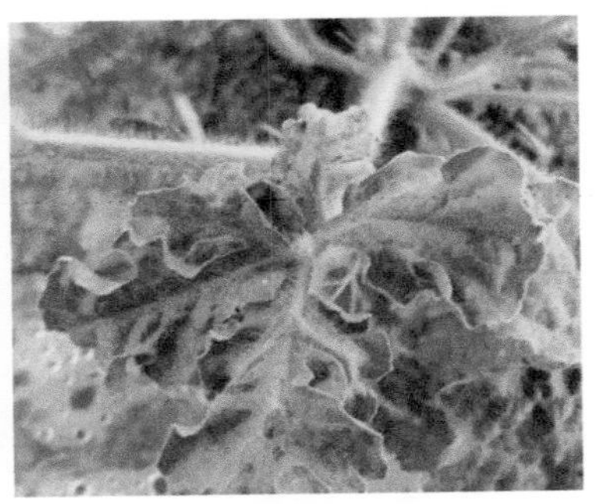

图2-24　蕨叶型皱缩

（二）发生规律

西瓜病毒病主要是西瓜花叶病毒和黄瓜花叶病毒引起的。病毒主要靠蚜虫传毒。春天最早在西葫芦和甜瓜上发病，通过蚜虫传染给西瓜，西瓜多在中后期发病，凡是毒源植物多、高温干旱、日照强烈、有利于蚜虫的繁殖和迁飞的情况都有利发病，凡是缺水、缺肥（特别是缺钾肥），管理粗放，瓜苗长势差的田块，也有利于病毒病的发生。

（三）防治方法

（1）种子消毒。用10%的磷酸三钠溶液浸种10分钟，然后捞出用清水冲洗干净，对花叶病毒有较好的防治效果。

（2）彻底消灭蚜虫。因病毒主要靠蚜虫传毒，如蚜虫点片发生时就在点片及周围用药，不必全田用药。若发生面积大，应全田用药。可用溴氰菊酯3 000倍液；或用速灭杀丁3 000倍液喷雾；或用40%氧化乐果1 500倍液喷雾杀灭，以防传染病毒病。

（3）田间发现病株及时拔除烧掉，在整枝、打杈、授粉等农事操作过程中，减少对植株的损伤，而且病株与健株分别进行，防止人为接触传播。

（4）药剂防治。发病初期喷20%病毒A可湿性粉剂500倍液，或15%植病灵乳剂1 000倍液，或抗毒剂一号300倍液，或喷0.2%磷酸二氢钾，以增强植株抗病性。

十五、根结线虫病

（一）病害特征

西瓜根结线虫病，主要为害根部。子叶期染病，致幼苗死亡。成株期染病主要为害侧根和须根，发病后西瓜侧根或须根上长出大小不等的瘤状根结（图2–25）。剖开根结，病组织内有很多微小的乳白色线虫藏于其内，在根结上长出细弱新根再度受侵染发病，形成根结状肿瘤。有的呈串珠状，有的似鸡爪状。致地上部生长发育不良，轻者病株症状不明显，重病株则较矮小黄瘦，瓜秧朽住不长，坐不住瓜或瓜长不大，遇有干旱天气，不到中午就萎蔫，严重影响西瓜产量和品质。

图2-25 瘤状根结

（二）发生规律

根结线虫多在土壤5～30cm处生存，常以卵或2龄幼虫随病残体遗留在土壤中越冬，病土、病苗及灌溉水是主要传播途径。一般可存活1～3年，翌春条件适宜时，由埋藏在寄主根内的雌虫，产出单细胞的卵，卵产下经几小时形成一龄幼虫，脱皮后孵出2龄幼虫，离开卵块的2龄幼虫在土壤中移动寻找根尖，由根冠上方侵入定居在生长锥内，其分泌物刺激导管细胞膨胀，使根形成巨型细胞或虫瘿，或称根结，在生长季节根结线虫的几个世代以对数增殖，发育到4龄时交尾产卵，卵在根结里孵化发育，2龄后离开卵块，进土中进行再侵染或越冬。在温室或塑料棚中单一种植几年后，导致寄主植物抗性衰退时，根结线虫可逐步成为优势种。南方根结线虫生存最适温度25～30℃，高于40℃，低于5℃都很少活动，55℃经10分钟致死。田间土壤湿度是影响孵化和繁殖的重要条件。土壤湿度适合蔬菜生长，也适于根结线虫活动，雨季有利于孵化和侵染，但在干燥，或过湿土壤中，其活动受到抑制，其为害砂土中常较黏土重，适宜土壤pH值4～8。

（三）防治方法

1. 农业防治

重病田改种葱、蒜、韭菜等抗病蔬菜或种植受害轻的速生蔬菜，减少土壤线虫量，减轻病害的发生。最好实行水旱轮作，要求轮作2年以上。水淹杀虫，重病田灌水10～15cm深，保持1～3个月，使线虫缺氧窒息而死。最好改种一季水稻，既杀死线虫，又不造成田地荒芜。高温杀虫，收获后深翻土壤，灌水后，利用7—8月高温，用塑料膜平铺地面压实，保持10～15天，使土壤5cm深处的地温白天达60～70℃，可有效地杀灭各种虫态的线虫。加强栽培管理，增施有机肥，及时防除田间杂草。收获后彻底清洁田园，将病残体带出田外集中烧毁，压低虫源基数，减轻病害的发生。

2. 药剂防治

定植前，每667m^{2}用3%米乐尔颗粒剂4～6kg拌细干土50kg进行撒施，沟施或穴施。在蔬菜发病初期，用1.8%虫螨克1 000倍液灌根，每株灌兑好的药液0.5kg，间隔10～15天再灌根1次，能有效地控制根结线虫病的发生和为害。

第三章
西瓜非侵染性病害防治

一、果肉恶变瓜

西瓜果肉恶变一般称倒瓤瓜、水脱瓜，夏季又称高温发酵瓜。近年来，大棚栽培西瓜发生果肉恶变的现象越来越多，有时甚至成为主要病害。大棚西瓜果肉恶变在夏秋茬种植发生较为普遍，在春茬结果期遇上台风或连续降雨、水浸等也较易发生。

（一）病害特征

发育成熟的果实，在外观上与正常果一样，但拍打时发出敲木声，与成熟瓜、生瓜不同，剖开时发现瓜肉呈水浸状，紫红色（图3-1），严重时种子周围细胞崩裂似渗血状，果肉变硬，半透明状，同时，可闻到一股酒味，严重的病瓜，种子周围的瓜瓤变紫溃烂，完全失去食用价值。果实在花后20天，由于土壤水分骤变，高温、叶面积不足等因素都容易引发此病。低根系活性，同时由于某些因素导致叶片受障碍，加上高温，使果肉内产生乙烯，引起呼吸异常，使肉质变劣。一般在阴雨天后骤晴时，出现

叶烧病的植株容易形成果肉恶变瓜。此外，坐瓜后的植株感染黄瓜绿斑花叶病毒也会引起果实的异常呼吸而发生果肉恶变。生育期间土壤干湿剧变，植株长势衰弱，出现生理性障碍等，也容易产生果肉恶变瓜。

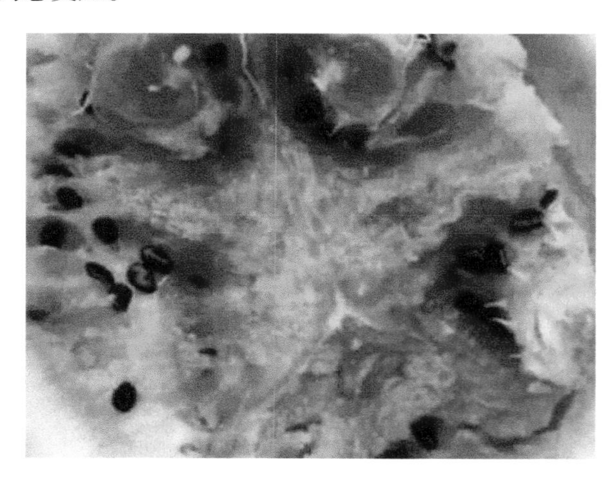

图3–1　果肉恶变

（二）发病原因

西瓜果肉恶变是生理病害。果实膨大期任何管理不当造成的果实营养、水价供应不良，均会导致新陈代谢紊乱而造成病害发生，一般认为发生的主要原因如下。

（1）长期处在35℃以上的高温条件下，抵制了叶片的光合作用。

（2）空气湿度长期在85%以上，降低了蒸腾作用，影响根系的吸收力。

（3）光照过强，特别是久旱后暴晴，使叶片、果实温度过高，破坏了细胞正常的生理功能。

（4）在连阴天后骤晴时如植株出现叶烧症，也容易使瓜肉恶变。

（5）膨瓜期干旱缺水，或浇水太多造成水涝及土壤干湿剧变等影响营养制造。

（6）坐瓜后大量整枝，减少了果实内的营养供应。

（7）坐瓜后缺肥，植株早衰。

（8）植株长势衰弱。

（9）病毒病或炭疽病生产严重；在果实发育中后期，如果发生绿斑病也会使瓜瓤软化甚至产生异味。此外，如果植株发生绵腐病、疫病、日灼病等亦可导致瓜瓤变色、变质甚至失去食用价值。

（三）防治方法

1. 品种选择

夏秋茬西瓜种植要挑选一些较抗病毒病、耐高温、生育强健、不易早衰的品种。

2. 温湿度管理

夏季高温时，果实要用叶片覆盖，避免受阳光暴晒，如果叶片不够用，可用报纸或杂草覆盖。如果条件许可的话，在夏秋季大棚增加降温措施，如打开前后膜及侧膜，增加通风量达到降温、降湿。

3. 整枝及根部环境处理

适当整枝，必要时留1～2条侧枝确保植株有一定的功能叶面积，保持较高的光合效率，促进曈的正常发育，时时在干旱情况下不要进行整枝。

4. 肥水管理

做好大棚周围的排水设施，防止水浸。挂果后需肥需水大增，要适度追肥及增加灌水量，喷施中微量元素叶面肥，使植株生长强健，提高植株抗逆能力，防止早衰现象的产生。灌水以滴灌及小水勤浇为佳，忌大水漫灌。

5. 连茬处理

尽量避免连茬种植，防止连作障碍的产生。如无法避免，最好对土壤或基质进行水洗，以降低有害物质的浓度，减少病害的发生。

二、畸形瓜

西瓜花芽分化期或果实发育过程中，遇到不良气候条件和栽培技术不当容易形成畸形瓜，严重影响西瓜的品质和经济价值，使农民的收益降低。

（一）病害特征

常见的畸形瓜主要有歪瓜和葫芦瓜。

1. 歪瓜

歪瓜又称偏头瓜，是指西瓜一侧充分膨大，另一侧发育不良的果实（图3-2）。歪瓜形成的主要原因有2种。一是西瓜花芽分化期（1～5片真叶期），遇到低温形成畸形花，而畸形花必将发育成畸形果了；二是开花坐果期间授粉受精不良，致使果实中种子分布不均，种子多的部位，果皮瓜瓤相应膨大，没有种子部位，果实发育较慢，从而形成歪瓜。

图3-2　歪瓜

2. 葫芦瓜

图3-3　葫芦瓜

长形果或椭圆形果品种容易发生。其特点是果肩部没有充分发育，而果实中部和果蒂部发育正常，形成一头大一头小的果实（图3-3）。其形成原因是结果前期、中期肥水不足，尤其是缺水，植株生长不良坠秧、病虫害等，使幼果发育严重受阻。而果实发育中后期条件改善，果实又迅速发育而形成葫芦形。预防措施是在果实褪毛后及时浇膨瓜水，并追施膨瓜肥。

（二）发病原因

西瓜果实畸形的原因如下。

一是受精不良。据研究西瓜果实内的种子能产生生长素刺激果实的发育。瓜内种子发育好而多的部位果肉发育也好；反之，果肉发育就差。如果开花时遇到低温、降雨或传粉昆虫较少受精不完全很容易导致果实畸形。

二是气候条件特别是温度条件不适宜。据研究西瓜果实发育前期以纵向生长为主后期则依靠横向发育来完成一定的果形和大小。对于早熟栽培的西瓜前期因外界气温低纵向生长缓慢而在果实生长后期外界气温升高横向生长相对加快最后发育成了横径明显大于纵径的扁圆瓜。

三是栽培管理不当。果实着地的一面由于晒不到阳光瓜皮呈黄白色瓜瓤发育也差如不及时翻转很容易出现畸形；果实发育前期遇到严重干旱植株生长衰弱果实膨大近于停止而后期条件适合、特别是土壤条件适宜时果实又继续发育而且生长较快在这种情况下很容易形成一头小、一头大的葫芦形瓜。

四是机械损伤。果实在生长发育过程中遇到虫害或机械损伤受损部位往往生长缓慢也会使西瓜出现畸形。另外，在花芽分化时进入子房中的钙素不足也易发生畸形。

（三）防治方法

（1）虽然各类畸形果的形成原因略有差异，但其共同特点是在花芽分化期或雌花发育期经受低温，易形成畸形花而发育成畸形果；发现前期出现畸形瓜胎，如果外界气温低，不要急于摘除，可暂时保留第一和第二雌花瓜，待出现第三雌花时，外界气温也升高，及时摘除第一和第二雌花瓜，保留第三雌花瓜，一般都能够正常生长发育。

（2）开花坐瓜期遇到高温、干旱，花粉发芽率降低，致使授粉受精不良，果实膨大期肥水不足或偏施氮肥，土壤中氮、磷、钾失衡；留瓜节位过高或过低，影响同化物质对果实的供应；人工授粉技术失误，进行偏斜授粉；病虫为害，特别是病毒病为害等，均可导致畸形果的形成，应针对具体情况，在开花坐果期，控制生长，以防徒长，避免高节位坐瓜，进行人工授粉，加强田间管理，水分均衡供应等栽培措施，防止畸形瓜的产生。

三、化瓜

（一）病害特征

西瓜化瓜表现为瓜蔓变粗而脆，不易坐瓜；雌花开放时，瓜梗细且短子房纤小，幼瓜易萎缩（图3-4），这种现象称“化瓜”。化瓜主要表现为幼瓜发育一段时间后慢慢停止生长，逐渐褪绿变黄，最后萎缩坏死。

图3-4　化瓜

（二）发病原因

一是开花后雌花未授粉受精。西瓜为雌雄同株异花植物，花期如果遇到阴雨天，花粉就会吸湿破裂；或授粉昆虫较少，雌花不能正常进行授粉，使子房不能正常膨大生长而脱落。

二是雌花花器或雄花器不正常。如花器柱头过短，无蜜腺，花药中不产生花粉或雌蕊退化等，都会引起西瓜化瓜现象的发生。

三是植株生长过盛或过弱都会引起化瓜。由于植株生长不协调，生成营养物质分配不均匀，使幼瓜得不到足够的营养物质而化瓜。

四是花期土壤水分不合理。水分过多，使茎叶旺长，雌花因营养不良而化瓜；水分过少，又导致植株因缺水而落花。

五是环境条件不利。花期温度过高或过低，都不利于花粉管伸长，使受精不良，引起落花；光照不足，使光合作用受阻，子房暂时处于营养不良状态而导致化瓜。

六是营养生长与生殖生长不协调。营养生长过旺会导致雌花发育不良，而引起化瓜。

（三）防治方法

由于造成化瓜的原因较复杂，防止化瓜需及时查明化瓜原因有针对性地采取防治措施。安排好播期，避开不利于西瓜开花坐果的时期；育苗过程中给予幼苗适宜的环境条件促进花芽分化，降低畸形花出现概率。科学施肥浇水。播种前要重施底肥，以有机肥为主，配施速效氮肥、磷肥及钾肥等。抽蔓期施肥，应酌情减少氮肥用量，要掌握施肥原则，并适当控制浇水，使其生长稳健，避免发生旺长。人工辅助授粉。在西瓜花期，于上午7：00～10：00时把雄花摘下，剥去花冠，用花蕊均匀地涂抹雌花柱头，每朵雄花可抹2～3朵雌花。授粉时，动作要轻，以免损伤柱头。捏茎控旺稳瓜。植株生长过旺的瓜田，在幼瓜正常授粉后，将瓜后茎蔓用力一捏，这样可减少水肥向顶端的输送能力，集中养分供应幼瓜，减少化瓜现象。

四、空洞瓜

（一）病害特征

西瓜果实内部出现开裂、缝隙、空洞等为空洞果（图3-5）。分横断空洞瓜和纵断空洞瓜2种。从西瓜果实的横切面上观察，从中心部沿着子房心室裂开后出现的空洞果是横断空洞果，从纵切面上看，在西瓜着生种子部位开裂的果实属纵断空洞果。

图3-5　空洞果

（二）发病原因

空洞瓜是在低温和干旱条件下，瓜瓤内不同部分生长发育不均衡引起。横断空洞果多发生在靠近根部低节位上结的瓜，或者在低温和干旱时所结的瓜，这些瓜因种子数量少，心室容积不能充分增大，养分输送不足，种子周围没有很好地膨大，遇到高温时加快了成熟，也促进果皮的发育，从而形成空洞果。纵断空洞果是在果实膨大后期形成的，当种子周围已趋成熟，而靠近果皮附近的一部分组织仍在发育，由于瓜内部组织发育不均衡，而使种子周围的瓜瓤开裂形成空洞瓜。

（三）防治方法

（1）设施栽培在结果期注意保温，让果实在适宜温度条件下坐果和膨大，采用三蔓整枝时选择主藤上的2～3朵雌花坐瓜。

（2）科学施肥，注意氮、磷、钾合理搭配；追肥每667m^{2}可选用微补冲施肥500g加微补促根增甜液300g，或赛德海藻有机液肥5kg补充各种营养元素，保证养分运输，同时在幼瓜期喷施微补盖力600倍液，有利于减少空心。

（3）结瓜后要注意合理整枝，控制营养生长，保证果实正常发育。瓜膨大期停止整枝，保证足够叶片的光合作用。

五、黄心瓜

（一）病害特征

黄心瓜，又称黄带果，粗筋果。西瓜膨大初期，在瓜的中心或着生种子的胎座部分，从顶部的脐部至底部瓜梗处出现白色或黄色带状纤维，并继续发展成为黄色粗筋（图3-6）。

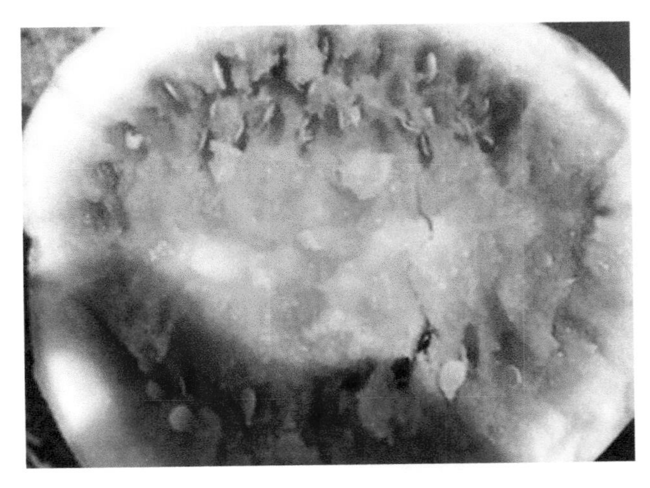

图3–6　黄心瓜

（二）发病原因

黄心瓜产生与温度、水、肥有关。在高温干燥年份，植株结瓜过多，土壤中缺钙，高温、干旱，土层干燥，缺硼等不利因素影响钙的吸收，黄心瓜就增多。

（三）防治方法

（1）合理施用氮肥，防止植株徒长。使植株营养生长和结果相协调，保证果实可以得到充足的同化物质和水分。

（2）深耕土层，增施有机肥，地面覆盖，防止土壤干燥。在施足底肥的基础上，每667m^2增施大粒硼200～400g，同时，在幼瓜期喷施微补盖力500倍液加微补硼力2 000倍液，促进植株对钙、硼的吸收。

六、日灼病

（一）病害特征

西瓜日灼病是强光直接长时间照射果实所致。主要发生在夏季露地西瓜生长中后期的果实上，果实被强光照射后，出现白色圆形或椭圆至不规则形大小不等的白斑（图3-7）。

图3-7　日灼病症状

（二）发病原因

果实日灼斑多发生在朝西南方向的果实上。这是因为在一天中，阳光最强的时间是午后13：00～14：00时，此时太阳正处于偏西南方向。日灼斑的产生是由于被阳光直射的部位表皮细胞温度增高，导致细胞死亡。此外，水肥不足，导致植株生长过弱，枝叶不能遮挡果实都会增加发病概率。

（三）防治方法

注意合理密植，栽植密度不能过于稀疏，避免植株生长到高温季节仍不能“封垄”，使果实暴露在强烈的阳光之下。有条件可进行遮阳网覆盖栽培。加强肥水管理，施用过磷酸钙作底肥，防止土壤干旱，促进植株枝叶繁茂。

七、冻害

瓜类作物是喜温作物，对温度的反应很敏感。西瓜的生长发育适温为18～32℃，开花期要求25℃左右，结果期30℃为好。厚皮甜瓜生长发育适宜温度为白天25～30℃，夜晚15～18℃，而40℃以上高温和13℃以下低温对生长发育不利。

（一）病害特征

冻害在早春苗床和移栽田均可发生。西瓜受冻后，轻者子叶、真叶边缘发白（图3-8），造成短暂的生长停顿和缓苗；稍重者叶缘卷曲，逐渐干枯，生长点受冻后停止生长，造成较长时间的缓苗，甚至僵苗，严重受冻时，整株成片的秧蔓冻死，生理失水后，叶片变成黑色（图3-9）。

图3-8　中度冻害叶缘干枯

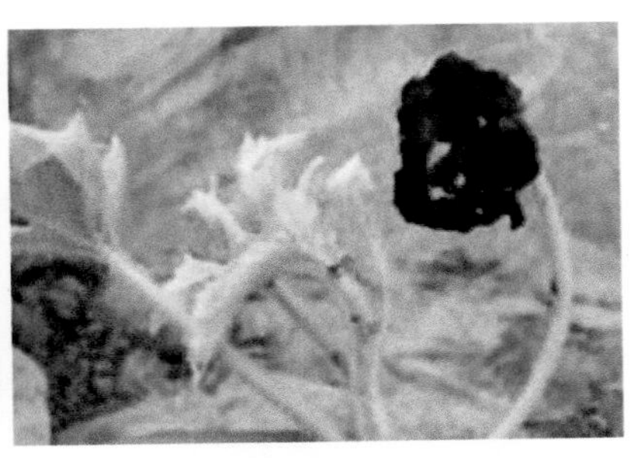

图3-9　重度冻害叶片变黑

（二）发病原因

低温季节，棚室两头漏风处、门缝处瓜秧最容易受冻害；西瓜苗弱，没有及时炼苗，遇低温时易发生冻害；冷空气来时，棚内干燥或没有及时加小拱棚等保护设施，易造成冻害。

（三）防治方法

（1）改善育苗环境，培育生长正常，根系发育好、苗龄适当的健壮苗。

（2）注意天气变化，在冷空气前做好防护措施，同时，用微补果力600倍液叶面喷雾，增加湿度，降低冻害。

（3）西瓜幼苗受冻后，小拱棚内可进行适当通风降温，不使其棚温迅速上升，让其慢慢缓解消冻。使其不致迅速生理失水。

八、药害

（一）病害特征

触杀性除草剂，如百草枯，喷到西瓜叶片会造成叶片灰白色或灰褐色斑（图3-10）；内吸性除草剂，如草甘膦，药液飘移到西瓜植株上，引起新叶落黄，花蕾干枯（图3-11）；马拉松药害在叶片上形成白斑，丙环唑药害抑制嫩梢生长，叶片卷缩。

图3-10　百草枯药害状

图3-11　草甘膦低温残留造成的药害状

（二）发病原因

西瓜在土壤封闭除草或西瓜苗期施用除草剂不当，或使用灭生性除草剂时飘移都会发生药害；使用一些对西瓜敏感的杀虫剂、杀菌剂而产生药害；大棚西瓜栽培时熏蒸产生药害；使用农药浓度过高或多种农药混用产生药害；以前种植过水稻或小麦地施用过甲磺隆或绿磺隆等除草剂。

（三）防治方法

清楚瓜田以前除草剂的施用情况，掌握好激素用药时机，准确合理使用，切忌随意增加或减少药剂浓度或混配用药；谨慎使用多种农药混配；大棚熏蒸后要注意及时放风、透气；不要使用草甘膦、乙草胺等易对两瓜造成伤害的除草剂；百草枯等除草剂喷雾时加防护罩。尽量不用腐霉利、三唑酮、马拉松、敌敌畏，乙膦铝、二甲戊乐灵、咪鲜胺（大棚）等对西瓜敏感的药剂。

第四章 西瓜虫害防治

一、蛴螬

蛴螬是鞘翅目金龟甲总科幼虫的总称。金龟甲按其食性可分为植食性、粪食性、腐食性3类，植食性种类中以鳃金龟科和丽金龟科的一些种类发生普遍，为害最重。

（一）为害特征

蛴螬分布于全国各地。植食性蛴螬大多食性很杂，同一种蛴螬常可为害双子叶和单子叶粮食作物、多种瓜类和蔬菜、油料、芋、棉、牧草以及花卉和果、林等播下的种子及幼苗。幼虫终生栖居土中，喜食刚刚播下的种子、根、块根、块茎以及幼苗等，造成缺苗断垄。成虫则喜食害瓜菜、果树、林木的叶和花器。蛴螬是一类分布广、为害重的害虫。

（二）形态特征

蛴螬体肥大弯曲近C形，体大多白色（图4-1）。体壁较柔软，多皱体表疏生细毛。头大而圆，多为黄褐色，或红褐色，生有左右对称的刚毛，刚毛数量多少常为分种的特征。胸足3对，一般后足较长。腹部10节，第十节称为臀节，其上生有刺毛，其数目和排列也是分种的重要特征。

图4-1　蛴螬

（三）发生规律

蛴螬年生代数因种、因地而异。这是一类生活史较长的昆虫，一般1年发生1代，或2～3年发生1代，长者5～6年发生1代。如大黑鳃金龟2年发生1代，暗黑鳃金龟、铜绿丽金龟1年发生1代，小云斑鳃金龟在青海4年发生1代，长者5～6年发生1代，大栗鳃金龟在四川省甘孜地区则需5～6年发生1代。蛴螬共3龄。1～2龄期较短，3龄期最长。蛴螬终生栖居土中，其活动主要与土壤的理化特性和温湿度等有关。在一年中活动最适的土温平均为13～18℃，高于23℃，逐渐向深土层转移，至秋季土温下降到其活动适宜范围时，再移向土壤上层。因此，蛴螬在春、秋季两季为害最重。

（四）防治方法

1. 农业防治

大面积秋、春耕，并随犁拾虫；避免施用未腐熟的厩肥，减少成虫产卵。

2. 药剂处理土壤

（1）用50%辛硫磷乳油每667m^2 200～250g，加水10倍，喷于25～30kg细土上拌匀制成毒土，顺垄条施，随即浅锄，或以同样用量的毒土撒于种沟或地面，随即耕翻，或混入厩肥中施用，或结合灌水施入。

（2）用2%甲基异柳磷粉每667m^2 2～3kg拌细土25～30kg制成毒土，或用3%甲基异柳磷颗粒剂，3%呋喃丹颗粒剂，5%辛硫磷颗粒剂，5%地亚农颗粒剂，每667m^2 2.5～3kg处理土壤，都能收到良好效果，并兼治金针虫和蝼蛄。

（3）每667m^2用2%对硫磷或辛硫磷胶囊剂150～200g拌谷子等饵料5kg左右，或50%对硫磷或辛硫磷乳油50～100g拌饵料3～4kg，撒于种沟中，兼治蝼蛄、金针虫等地下害虫。

二、蚜虫

蚜虫又称腻虫，是瓜类常见的害虫，应坚持早防、预防的原则，否则，严重影响瓜苗的生长。

（一）为害特征

瓜蚜大多为棉蚜，也称桃蚜，分布广，为害普遍。蚜虫为害多集中在瓜秧嫩叶及生长点和叶片背面，造成生长缓慢和叶片反卷，影响植株生长。因蚜虫为害严重时造成叶片卷曲，不仅给药剂防治带来困难，也不利于天敌发挥作用。甚至老叶也可能受害，老叶被害后不发生或很少发生卷叶，受害叶片汁液被吸吮后很快丧失功能而提早枯死，降低西瓜的产量。

（二）形态特征

蚜虫（图4-2）体长1.5～4.9mm，多数约2mm。有时被蜡粉，但缺蜡片。触角6节，少数5节，罕见4节，感觉圆圈形，罕见椭圆形，末节端部常长于基部。眼大，多小眼面，常有突出的3小眼面眼瘤。喙末节短钝至长尖。腹部大于头部与胸部之和。前胸与腹部各节常有缘瘤。腹管通常管状，长常大于宽，基部粗，向端部渐细，中部或端部有时膨大，顶端常有缘突，表面光滑或有瓦纹或端部有网纹，罕见生有或少或多的毛，罕见腹管环状或缺。尾片圆锥形、指形、剑形、三角形、五角形、盔形至半月形。尾板末端圆。表皮光滑、有网纹或皱纹或由微刺或颗粒组成的斑纹。体毛尖锐或顶端膨大为头状或扇状。有翅蚜触角通常6节，第3节或3～4节或3～5节有次生感觉圈。前翅中脉通常分为3支，少数分为2支。后翅通常有肘脉2支，罕见后翅变小，翅脉退化。翅

图4-2　蚜虫

脉有时镶黑边。身体半透明，大部分是绿色或是白色。

（三）发生规律

蚜虫的食性杂，繁殖速度快，通常完成一个世代只需5～6天，而且以5—7月干旱季节虫量较大，为害也最重。温度高，湿度大则蚜虫量大减，不利蚜虫的繁殖，在气温16～22℃时最适宜蚜虫的生长繁殖，超过27℃则受到抑制，有时降水可造成蚜虫不同程度的死亡。

（四）防治方法

发现蚜虫应及时喷药防治，喷药后5～6天后再检查1次叶片背面，若有未死蚜虫再补喷1次。由于蚜虫繁殖代数多、繁殖率高，速度快。所以，在大量发生期间应连续用药，一般每隔5～6天喷1次，连续喷药3～4次即可得到控制。喷药时须对叶背面仔细喷洒，以提高用药质量和防治效果。通常苗期用40%乐果乳油1 000～1 500倍液，随着植株生长逐渐加大浓度到800～1 000倍，还可使用50%敌敌畏乳剂1 200～1 500倍液，或80%敌敌畏乳油2 500倍液，或2.5%溴氰菊酯，或20%速灭杀丁乳油3 000倍液防效更佳。抗蚜威及氧化乐果等也具有很好的防治效果。

三、蝼蛄

（一）为害特征

蝼蛄又称拉拉蛄、土狗等，属直翅目蝼蛄科。蝼蛄成虫和若虫喜食种子和幼根、幼苗，造成缺苗断垄。咬食西瓜根部和幼茎，呈现乱麻丝一样的被害状。此外，该虫在表土层穿行，形成很多隧道，使幼苗与土壤分离，失水而干枯。

（二）形态特征

蝼蛄（图4-3）的触角短于体长，前足宽阔粗壮，适于挖掘，属开掘式足前足胫节末端形同掌状，具4齿，跄节3节。前足胫节基部内侧有裂缝状的听器。中足无变化，为一般的步行式后足脚节不发达。覆翅短小，后翅膜质，扇形，广而柔。尾须长。雌虫产卵器不外露，在土中挖穴产卵，卵数可达200～400粒，产卵后雌虫有保护卵的习性。刚孵出的若虫，由母虫抚育，至1龄后始离母虫远去。

图4-3　蝼蛄成虫

（三）发生规律

蝼蛄多在春季危害瓜类的幼苗和种子，也咬食幼根、嫩茎，造成缺苗断垄。华北蝼蛄3年左右1代，非洲蝼蛄则2年左右1代，均以成虫或若虫在土壤中越冬。土壤湿度对蝼蛄的活动影响很大，土壤干旱则蝼蛄活动差。久旱不雨，下雨后则蝼蛄的活动最盛。一般10～20cm表土温度接近或超过20℃时蝼蛄活动猖獗，小于15℃时活动较差。因此，低湿地块发生较重。非洲蝼蛄比华北蝼蛄更喜潮湿。

（四）防治方法

1. 农业防治

深耕细耙，轮作倒茬，结合中耕除草，合理施肥，能消灭土中部分蝼蛄，减轻为害。

2. 人工防治

在3—4月蝼蛄开始上升地表活动而未迁移前，铲除表土找出洞口，挖出洞中害虫消灭。夏季结合中耕，在蝼蛄产卵盛期挖出卵粒或雌蛄。

3. 诱杀成虫

在日均气温达到15℃以上时，利用成虫趋向马粪的习性，在瓜田挖坑并投上新鲜马粪诱集，并与次日清晨将诱集到的蝼蛄收集杀死。也可利用90%敌百虫拌成毒饵撒于瓜田诱杀，还可以利用黑光灯于瓜田附近诱捕灭虫。

4. 药剂防治

在发生严重的地块或苗床，除可用毒饵外，还可以用50%敌敌畏100倍液灌洞，其效果也比较好。

四、蓟马

（一）为害特征

以成虫和若虫锉吸西瓜心叶、嫩芽、嫩梢、幼瓜的汁液。嫩梢、嫩叶被害后不能正常伸展，生长点萎缩、变黑、锈褐色，新叶展开时出现条状斑点，茸毛变黑而出现丛生现象。幼瓜受害时质地变硬，毛茸变黑，出现畸形，易脱落。成瓜受害后瓜皮粗糙，有黄褐色斑纹或瓜皮长满锈皮，使瓜的外观，品质受损，商品性下降。

（二）形态特征

蓟马种类很多，其中，为害两瓜的蓟马主要有2种，分别是棕榈蓟马和烟蓟马。

1. 棕榈蓟马

棕榈蓟马，别名瓜蓟马、棕黄蓟马，节瓜蓟马。成虫（图4-4）体长1mm左右，全体黄色，前胸后缘有缘鬃6根。中胸腹板内叉骨有长刺，后胸无刺。复眼稍突出，单眼3只、红色、三角形排列，单眼间鬃位于单眼三角形连线的外缘，触角7节。翅狭长，透明，周缘具长缘毛，前翅上脉基鬃7条，中部至端部3条，第八腹节后缘栉毛完整。

图4-4　棕榈蓟马

2. 烟蓟马

烟蓟马，别名棉蓟马、葱蓟马。雌虫（图4-5）体长1.2mm，淡棕色，体光滑，复眼红色。触角7节，淡黄褐色，每节基部色浅。特别是第三节基部细长如柄。前胸背板宽为长的1.6倍，整个前胸背板上有稀疏的细毛，后缘接近后角各有2根粗而长的刚毛。翅淡黄，前翅前缘有一排细鬃毛与缘纲混生，前脉上有10～13根细鬃毛，后脉有14～17根细鬃毛。腹部第2～8节背片前缘有1黑色横纹。卵肾形后为卵圆形。若虫初为白色透明，后为浅黄色至深黄色。前蛹和蛹与若虫相似，但翅芽明显。

图4-5　烟蓟马

（三）发生规律

1. 棕榈蓟马

在浙江省及长江中下游1年发生10～12代，广州市20代以上，世代重叠严重。多以成虫在茄科，豆科蔬菜、杂草或在土缝下、枯枝落叶中越冬，少数以若虫越冬。成虫具有较强趋蓝性、趋嫩绿性，善飞，怕光，多在阴天或早晚为害。以7—9月为害最重。

2. 烟蓟马

1年发生3～20代，东北3～4代，长江流域以南10代以上，以成虫和若虫在土块下、土缝内或枯枝落叶中越冬。在华南地区无越冬现象。对蓝色光有强烈趋性。干旱年份5月中下旬至7月上旬为害严重。温度25℃，相对湿度60%以下，有利于烟蓟马发生，暴风雨可降低虫口密度。

（四）防治方法

1. 农业防治

清除瓜田杂草，加强水肥管理，使植株生长旺盛，可减轻为害。于成虫盛发期，在田间设置蓝色诱虫黏胶板，诱杀成虫。

2. 药剂防治

瓜苗2～3片真叶期到成株期要经常检查，当植株心叶始见3～5头蓟马时应用药防治，开始隔5天喷药1次，连喷2次以压低虫口数量，以后视虫情隔7～10日喷药2～3次。可选用10%多杀霉素（菜喜）1 000倍液，70%吡虫啉（艾美乐）水分散剂10 000倍液，25%噻虫嗪（阿克泰）水分散粒剂6 000～8 000倍液、5%氟虫腈（锐劲特）胶悬剂1 500～2 500倍液喷雾。

五、黄守瓜

（一）为害特征

黄守瓜的成虫和幼虫都能造成为害。成虫多为害瓜叶，以身体为半径转咬食一周，然后取食叶肉，使叶片残留若干环形食痕或圆形孔洞。果实被害轻者果面残留疤痕或腐烂。幼虫黄守瓜的成虫和幼虫都能造成为害。成虫多为害瓜叶（图4-6），以身体为半径转咬食1周，然后为害远大于成虫造成的为害。

图4-6　黄守瓜为害瓜叶

（二）形态特征

黄守瓜（图4-7）体长卵形，后部略膨大。体长6～8mm。成虫体橙黄或橙红色，有时较深。上唇或多或少栗黑色。腹面后胸和腹部黑色，尾节大部分橙黄色。有时中足和后足的颜色较深，从褐黑色到黑色，有时前足胫节和跗节也是深色。头部光滑几无刻点，额宽，两眼不甚高大，触角间隆起似脊。触角丝状，伸达鞘翅中部，基节较粗壮，棒状，第2节短小，以后各节较长。前胸背板宽约为长的2倍，中央具一条较深而弯曲的横沟，其两端伸达边缘。盘区刻点不明显，两旁前部有稍大刻点。鞘翅在中部之后略膨阔，翅面刻点细密。雄虫触角基节极膨大，如锥形。前胸背板横沟中央弯曲部分极端深刻，弯度也大。鞘翅肩部和肩下一小区域内被有竖毛。尾节腹片三叶状，中叶长方形，表面为一大深洼。雌虫尾节臀板向后延伸，呈三角形突出；尾节腹片呈三角形凹缺。

图4-7　黄守瓜成虫

（三）发生规律

黄守瓜是瓜类作物的重要害虫，在中国北方1年发生1代，南方1～3代，中国台湾南部3～4代。以成虫在背风向阳的杂草、落叶和土缝间越冬。

黄守瓜喜温好湿，成虫多在温暖晴天活动，夜间潜伏，阴雨天不活动，上午10：00至15：00时成虫为害最烈。为害程度与温度关系密切，成虫在0℃时休眠不活动，当土温升至6℃时开始活动，10℃时由潜伏处钻出开始为害，其中，以22～28℃取食为害最盛。成虫有假死现象。

（四）防治方法

黄守瓜成虫迁飞能力强，为了保护秧苗不受危害，应以防止成虫产卵和防治幼虫危害为主。趁早晨露水未干时，根据被害叶片症状，在瓜叶下捕杀成虫。药剂杀虫可用90%晶体敌百虫800～1 000倍液喷洒防治，也可用2.5%敌百虫粉喷施，每666.7m^2用药1.5～2.0kg。幼虫严重为害时，可用敌敌畏乳油1 000倍液或鱼藤精500倍液以及90%敌百虫晶体配成800倍液进行灌根灭虫。也可在成虫产卵期当清晨露水未干时，在瓜根附近土面及瓜叶上撒草木灰、锯末屑等防止其产卵。

六、红蜘蛛

（一）为害症状

红蜘蛛主要以成、若、幼螨群聚叶背吸取汁液，为害初期叶面出现零星褪绿斑点，严重时白色小点布满叶片（图4-8），使叶面变为灰白色，最后造成叶片干枯脱落，影响生长，缩短结果期，造成减产。

图4-8　白色小点布满叶片

（二）形态特征

红蜘蛛别名红叶螨，全爪螨、瓜叶螨。有朱砂叶螨、二斑叶螨和截形叶螨，在我国为害西瓜的种类以朱砂叶螨为主，属蛛形纲蜱螨目叶螨科。分布广泛，食性杂，可为害110多种植物，以茄科、葫芦科、豆科蔬菜为主。

成螨（图4-9）体长0.42～0.52mm，锈红色或淡黄色，椭网形，有4对足，腹背两侧各有1个暗色斑纹，体背毛排成4列。卵圆球形，光滑，无色至深黄色带红。幼螨近圆形，有3对足，暗绿色，眼红色。若螨椭圆形，红色，有4对足，体侧有明显的块状色素。

图4-9　成螨

（三）发生规律

浙江省及长江中下游地区1年发生20代以上。越冬虫态随地区不同而异，多以雌成螨、幼螨和卵在土缝、树皮和杂草根部过冬。翌年早春2—3月开始活动，4月中下旬至5月初陆续向作物上转移为害。每头雌成螨平均可产卵百余粒，成螨和若螨靠爬行或吐丝下垂在植株间蔓延危害。红蜘蛛喜温暖、干燥，少雨、干旱的夏季发生严重，以6—8月为害最甚。

（四）防治方法

1. 农业防治

秋耕秋灌，恶化越冬螨的生态环境；清除棚边杂草，消灭越冬虫源。天气干旱时，进行灌水，增加瓜田湿度，造成不利叶螨生育繁殖的条件。

2. 药剂防治

可选用1.8%阿维菌素4 000倍液，或20%速螨酮（果螨特）、5%噻螨酮1 500～2 000倍液，或24%螺螨酯（螨危）3 000倍液。每5～7天喷施1次，连续喷2～3次。重点喷洒植株上部的嫩叶背面、嫩茎及幼果等部位，并注意农药交替使用。

七、瓜绢螟

瓜绢螟又名瓜螟、瓜野螟，属鳞翅目螟蛾科。

（一）为害特征

瓜绢螟主要为害西瓜、黄瓜、丝瓜、苦瓜、甜瓜、茄子、马铃薯等多种作物。以幼虫为害叶片，1～2龄幼虫在叶背啃食叶肉，仅留透明表皮，呈灰白斑；3龄后吐丝将叶或嫩梢缀合，匿居其中取食，致使叶片穿孔或缺刻，严重时仅剩叶脉。幼虫还啃食西瓜表皮，留下疤痕，并常蛀入瓜内为害，严重影响瓜果产量和质量。

（二）形态特征

成虫（图4-10）体长约11mm，翅展25mm左右，头、胸部黑色，前后翅白色半透明状，略带紫光，前翅前缘和外缘及后翅外缘均为黑褐色，腹部除第一、第七、第八体节黑褐色外，均为白色。停留不飞行时，前后翅伸开，翅面与腹部有第2～6节的白色组成一个等边在角形，腹末向上翘起，并不停摆动，末端有一丛黄色或黄褐色相间茸毛。卵扁平椭圆形，淡黄色，表面有网状纹。幼虫共5龄，老熟幼虫（图4-11）体长23～26mm，头部前胸背板淡褐色，胸腹部草绿色，亚背线呈两条较宽的乳白色纵带，气门黑色。蛹长约14mm，体色由淡绿色渐变为浓绿色或深褐色，头部光整尖瘦，翅端达第六腹节，外被薄茧。

图4-10　成虫

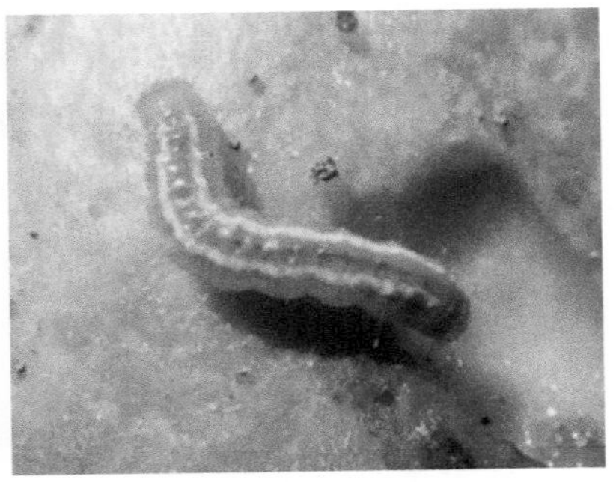

图4-11　幼虫

（三）发生规律

浙江省及长江中下游1年发生4～6代，广东省6代，以老熟幼虫或蛹在寄生的枯卷叶内或土表越冬。其中，第三、第四代为害最重，世代重叠。在广州地区各代成虫发生期如下；第一代4月下旬至5月上旬，第二代6月上、中旬，第三代7月中、下旬，第四代8月下旬至9月上旬，第五代10月上、中旬，第六代11月下旬至12

月上旬。成虫夜间活动，趋光性弱，白天潜伏于隐蔽场所或叶丛中。幼虫较活泼，遇惊即吐丝下垂转移他处为害，5月开始为害，7—9月为盛发期。

（四）防治方法

1. 农业防治

采收完毕后，将枯藤落叶收集中沤肥或烧毁，减少田间虫口密度或越冬基数。灯光诱杀成虫。在幼虫发生初期，人工摘除卷叶，捏杀部分幼虫和蛹。

2. 药剂防治

在低龄幼虫高峰期（未卷叶前）用药防治，药剂可选10%三氟吡醚（速美效）乳油1 000倍液、5%虱螨脲（美除）乳油1 000倍液、5%氟虫腈（锐劲特）悬浮剂1 500 ~ 2 000倍液、15%茚虫威（安打）3 000倍液、5%甲氨基阿维菌素苯甲酸盐（甲维盐）4 000倍液、10%溴虫腈（除尽）1 000倍液。

八、地老虎

地老虎又名土蚕、切根虫等，是我国各类农作物苗期的重要地下害虫。我国记载的地老虎有170余种，已知为害农作物的大约有20种左右。其中，小地老虎、黄地老虎、大地老虎、白边地老虎和警纹地老虎等为害比较严重。

（一）为害特征

地老虎以幼虫为害西瓜主要在苗期。幼虫3龄前，多聚集在嫩叶或嫩茎上咬食，3龄以后转入土中，有昼伏夜出的习性，常将幼苗咬断（图4-12）并拖入土穴内咬食，造成瓜田缺苗断垄，或咬蔓尖及叶柄，阻碍植株生长。

图4-12　幼苗被咬断状

（二）形态特征

成虫（图4-13）体长16～23mm，翅展42～54mm，深褐色，前翅有明显的肾状斑、环形纹。棒状纹和2个黑色剑状纹，后翅灰色无斑纹。幼虫（图4-14）体长37～47mm，灰黑色，体表布满大小不等的颗粒，臀板黄褐色，具有3条深褐色纵带。

图4-13　成虫

图4-14　幼虫

（三）发生规律

成虫夜间活动交配产卵。卵产在5cm以下矮小杂草上，尤其在贴近地面杂草的叶背或嫩茎上较多。幼虫共6龄，3龄前在地面、杂草或寄主的幼嫩部位取食。3龄以后白天潜伏在表土中，夜间出来为害。小地老虎喜欢温暖潮湿的条件，最适发育温区为13～25℃。在河流、湖泊地区或低洼内涝、雨水充足及常年灌溉区，土质疏松，团粒结构好，保水性强的壤土、黏壤土、沙壤土均适于发生。

（四）防治方法

（1）利用成虫的趋光性及趋化性诱杀。设置糖酒醋诱蛾器诱杀，或用黑光灯诱杀。

（2）药剂防治幼虫。小地老虎幼虫1～3龄时抗药性弱，且暴露在寄主植物或地面上，是药剂防治的最佳时期。可用灭杀毙（21%增效氰·马乳油）800倍液；25%溴氰菊酯或20%戊氰菊酯3 000倍液，90%敌百虫800倍液或50辛硫磷800倍液喷雾防治。也可将玉米面、麦麸子1kg炒熟，出香味后拌敌百虫0.1kg，在每天傍晚，即太阳落山前1个小时，撒在距西瓜10～15cm的地膜上，诱杀幼虫，效果较好。

九、白粉虱

（一）为害特征

温室白粉虱对作物及花卉蔬菜的为害。主要如下。

（1）直接为害，连续吸吮使植物生长缺乏碳水化合物，产量降低。

（2）注射毒素，吸食汁液时把毒素注入植物中。

（3）引发真菌，其分泌的蜜露适于真菌生长，污染叶片与果实。

（4）影响产品质量，真菌导致一般果实变黑。

（5）传播病毒病，白粉虱是各种作物病毒病的介体。

白粉虱成虫排泄物不仅影响植株的呼吸，也能引起煤烟病等病害的发生。白粉虱在植株叶背大量分泌蜜露，引起真菌大量繁殖，影响到植物正常呼吸与光合作用，从而降低蔬菜果实质量，影响其商品价值。

（二）形态特征

卵：椭圆形，具柄，开始浅绿色，逐渐由顶部扩展到基部为褐色，最后变为紫黑色。

1龄：身体为长椭圆形，较细长；有发达的胸足，能就近爬行，后期静止下来，触角发达、腹部末端有1对发达的尾须，相当体长的1/3。

2龄：胸足显著变短，无步行机能，定居下来，身体显著加宽，椭圆形；尾须显著缩短。

3龄：体形与2龄若虫相似，略大；足与触角残存；体背面的蜡腺开始向背面分泌蜡丝；显著看出体背有3个白点：即胸部两侧的胸褶及腹部末端的瓶形孔。

蛹：早期，身体显著比3龄加长加宽，但尚未显著加厚，背面蜡丝发达四射，体色为半透明的淡绿色，附肢残存；尾须更加缩短。中期，身体显著加长加厚，体色逐渐变为淡黄色，背面有蜡丝，侧面有刺。末期，比中期更长更厚，成匣状，复眼显著变红，体色变为黄色，成虫在蛹壳内逐渐发育起来。

成虫（图4-15）：雌虫，个体比雄大，经常雌雄成对在一起，大小对比显著。腹部末端有产卵瓣3对，（背瓣，腹瓣，内瓣），初羽化时向上折，以后展开。腹侧下方有两个弯曲的黄褐色曲纹，是蜡板边缘的一部分。两对蜡板位于第二、第三腹节两侧。雄虫，和雌虫在一起时常常颤动翅膀。腹部末端有一对钳状的阳茎侧突，中央有弯曲的阳茎。腹部侧下方有四个弯曲的黄褐色曲纹，是蜡板边缘的一部分。四对蜡板位于第二、第三、第四、第五腹节上。

图4-15　白粉虱成虫

（三）发生规律

白粉虱、烟粉虱在北方温室和大棚栽培条件下，1年可发生10余代，繁殖快，代次多，世代重叠明显。以各虫态在温室作物上越冬并继续为害。冬天，室外不能越冬，华中以南以卵在露地越冬。成虫喜幼嫩的植物，聚集于叶背为害，趋黄色，卵散产或排列呈环状，多产在植株中部嫩叶上。初孵若虫可短距离爬行寻找取食场所，2龄之后固定在叶背为害，开始营固定生活。春末夏初是露地粉虱种群数量上升时期，在夏季种群数量有所下降，但秋季又迅速上升达到高峰，至10月中下旬由于气温下降虫口数量逐渐减少。秋末至春天为其发生盛期，暖冬发生尤为严重。暴风雨能抑制其大发生，非灌溉区或浇水次数少的作物受害重。

（四）防治方法

1. 农业防治

（1）培育栽植无虫苗。育苗前清除杂草和残株，通风口设尼龙纱网，防止外来虫源。收获后，立即清除温室内残留若虫的枝叶，集中烧毁或深埋，并清除田间及温室四周杂草。

（2）轮作。避免黄瓜、西瓜、番茄、菜豆等混栽或轮作，与十字花科蔬菜进行轮作，以减轻发生。

（3）熏药灭虫。保护地栽培育苗前，先灭虫后育苗。每667m^{2}可用80%敌敌畏乳油0.4～0.5kg，与锯末或其他燃烧物混合，点燃熏烟杀虫。

（4）在温室、大棚门窗或通风口，悬挂白色或银灰色塑料薄膜条，驱避成虫侵入。

（5）在粉虱发生初期，利用烟粉虱趋黄性，可在温室内设置黄板诱杀成虫，黄板底部与植株顶端平齐或略高于植株顶端，每隔2～3m挂1块。

2. 药剂防治

鉴于粉虱繁殖迅速和易于分散，为提高总体防效，应提倡一个地区范围内联防联治，并注意治早、治少。抓住虫体发生初期，虫口密度较低时施药。药剂可选2.5%噻虫嗪（阿克泰）水分散粒剂6 000～8 000倍液、20%啶虫脒乳油3 000～4 000倍液、10%烯啶虫胺1 000～1 500倍液、25%吡虫啉（允美）3 000～4 000倍液、25%噻嗪酮（扑虱灵）可湿性粉剂1 000倍液、2.5%氯氟氰菊

酯（功夫）乳油5 000倍液、2.5%联苯菊酯（天王星）乳油3 000倍液；如果虫量较高，可将25%噻嗪酮（扑虱灵）可湿性粉剂1 000倍液和99%机油乳剂（绿颖）400倍液混用，连喷1～2次。每7～10天防治1次，连续防治2～3次，注意交替用药和合理混配。

十、美洲斑潜蝇

美洲斑潜蝇别名画图虫、蛇形斑潜蝇、甘蓝斑潜蝇等，原产于巴西，属双翅目、潜叶蝇科、植潜蝇亚科、斑潜蝇属，是全国植物检疫对象。为害西瓜、黄瓜、番茄、茄子、豇豆、蚕豆、大豆、菜豆、甜瓜，丝瓜、西葫芦、大白菜等22科110多种植物。

（一）为害特征

成虫、幼虫均可为害，雌成虫刺伤植物叶片，进行取食和产卵，幼虫潜入叶片和叶柄为害，形成先细后宽的蛇形弯曲或蛇形盘绕虫道（图4-16）；其内有交替排列整齐的黑色虫粪，老虫道后期呈棕色的干斑块区，一般1虫1道。叶绿素被破坏，影响光合作用，受害重的叶片脱落（图4-17），造成花芽、果实被伤，严重的造成毁苗。斑潜蝇造成的伤口为其他病菌提供了侵入途径及孳生场所，而其本身还可传带多种病毒，加重对西瓜的为害。

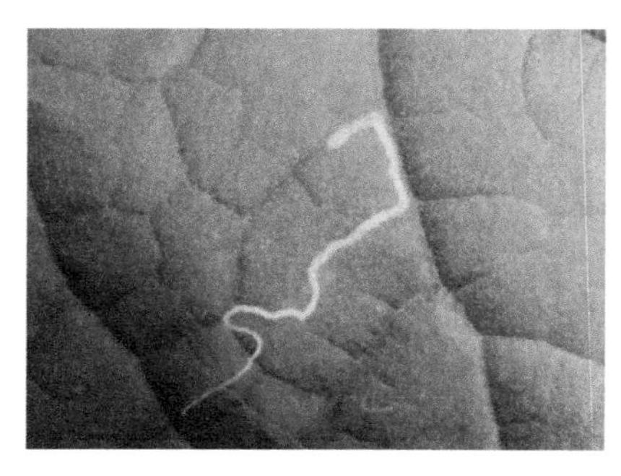

图4-16　初期为害状

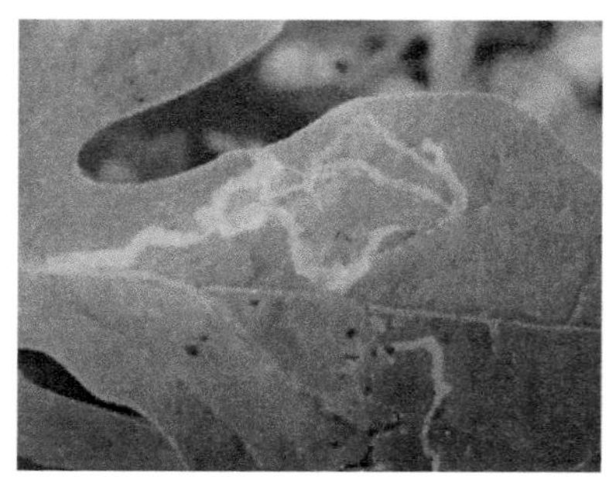

图4-17　后期为害状

（二）形态特征

成虫（图4-18）体长1.3～2.3mm，浅灰黑色，额、颊、颜和触角金亮黄色，眼后缘黑色，中胸背板亮黑色，中侧片黄色，下缘带黑色斑，腹侧片有1个三角形大黑斑。体腹面黄色，雌虫个体比雄虫大。卵米色，半透明。

幼虫（图4-19）蛆状，初无色，后变为浅橙黄色至橙黄色，长3mm，后气门突呈圆锥状突起，末端三分叉。蛹长椭圆形，橙黄色，分节明显。

图4-18 美洲斑潜蝇成虫

图4-19 美洲斑潜蝇幼虫

（三）发生规律

1年发生14～16代，在海南、福州等南方各地周年发生，无越冬现象，世代重叠明显。在北方各地以蛹在土壤中越冬，第二年春季羽化。美洲斑潜蝇世代短，繁殖能力强，每世代夏季2～4周，冬季6～8周。成虫具有较强的趋光性，趋黄性，有一定飞翔能力，在田间仅能进行短距离扩散，主要随寄主植物的叶片、茎蔓、甚至鲜切花的调运而传播。高温、干旱对其发生有利，能导致猖獗为害。

（四）防治方法

1. 农业防治

（1）把斑潜蝇嗜好的瓜类、茄果类、豆类与其不为害的作物进行套种或轮作。

（2）把被斑潜蝇为害的作物残体集中深埋、沤肥或烧毁，收获后及时清洁田园。

（3）利用插黄牌、挂黄条诱杀成虫。用长方形木板、塑料板正反面部涂上黄色油漆，再涂上一层机油或黏虫胶，用木棍支撑插在瓜田里或用铁丝绳索挂于田间架材或棚架上。

（4）在成虫始盛期至盛末期，每667m^{2}置15个诱杀点，每个点放置1张诱蝇纸诱杀成虫，3～4天更换1次。也可用斑潜蝇诱杀卡，使用时把诱杀卡揭开挂在斑潜蝇多的地方，室外使用时15天换1次。

2. 药剂防治

可在成虫高峰期或见产卵痕，取食孔时，即开始喷药，掌握在幼虫2龄前（虫道很小时），于8：00～11：00时露水干后幼虫开始到叶面活动或者老熟幼虫多从虫道中钻出时开始喷洒75%灭蝇胺（潜克）可湿性粉剂5 000～7 000倍液、1.8%阿维菌素3 000～5 000倍液。

十一、黄曲条跳甲

（一）为害特征

黄曲条跳甲主要为害十字花科蔬菜，也为害瓜类、番茄、豆类。成虫、幼虫均可为害，以成虫为害较大。成虫食叶，以幼苗期为害严重，刚出土的幼苗子叶被吃光后整株死亡，造成缺苗断垄。成虫咬食过的叶片有许多小椭圆形孔洞（图4-20），还可为害瓜果、果梗和嫩梢。幼虫生活在土中，只为害根，剥食根皮或蛀入根内形成许多隧道，使植株凋萎枯死。

图4-20　叶片有许多小椭圆形孔洞

（二）形态特征

黄曲条跳甲属鞘翅目叶甲科。成虫（图4-21）体长2mm，长椭圆形，黑色有光泽，前胸背板及鞘翅上有许多刻点，排成纵行。鞘翅中央有一黄色曲条，两端大，中部狭而弯曲。后足腿节膨大。卵椭圆形，初产时淡黄色，后变乳白色。幼虫长约4mm，稍呈长圆筒形，头部淡褐色，胸腹部淡黄白色，尾部稍细，腹部各节有不显著的肉瘤。蛹椭圆形，乳白色，头部隐于前胸下面，腹末有1对叉状突起。

图4-21　黄曲条跳甲成虫

（三）发生规律

黄条跳甲1年4～6代，以成虫在残株落叶、杂草及土缝中越冬。翌春温度10℃以上开始取食，20℃以上时为害最盛。成虫善跳跃，能飞翔，中午前后活动最盛，成虫有趋光、趋黄、趋绿性，耐饥力很强，夜间隐蔽。在土下化蛹，夏季高温有蛰伏现象。从初春至秋季均可造成为害，以春秋季发生严重，秋季重于春季。

（四）防治方法

1. 农业防治

（1）选好前茬。因黄曲条跳甲偏食十字花科蔬菜，应避开十字花科蔬菜等前茬作物，最好选谷茬、玉米茬。

（2）清除瓜地残株落叶。铲除杂草，消除其越冬场所和食料基地，以减少虫源。

（3）秋、冬季深翻，消灭越冬成虫。播前深耕晒土，造成不利于幼虫生活的条件，并消灭部分蛹。

2. 药剂防治

要抓住春夏季的发生始盛期和秋冬季的发生盛期2个重要时期，掌握苗期早治，应从幼虫着手抓起，消火成虫是关键的原则。在成虫开始活动，尚未产卵时用药防治。成虫善跳跃，活动性强，应采用包围式喷药，即应从田块四周向中央喷，防止成虫逃走。并在成虫活动盛期（春秋季在中午前后，夏季在早晨和傍晚）用药。药剂可参考黄守瓜。

十二、斜纹夜蛾

斜纹夜蛾又名莲纹夜蛾、斜纹夜盗蛾，俗称花虫、黑头虫，属鳞翅目夜蛾科，是我国农业生产上的主要害虫种类之一。

（一）为害特征

斜纹夜蛾是一种间歇性发生的暴食性、杂食性害虫，多次造成灾害性为害。主要以幼虫咬食叶、蕾、花及果实。卵产在叶背（图4-22），初孵幼虫集中在叶背为害，残留透明的上表皮，使叶片成纱窗状，3龄后分散为害，开始逐渐四处爬散或吐丝下坠分散转移为害，取食叶片或较嫩部位造成许多小孔；四龄以后随虫龄增加

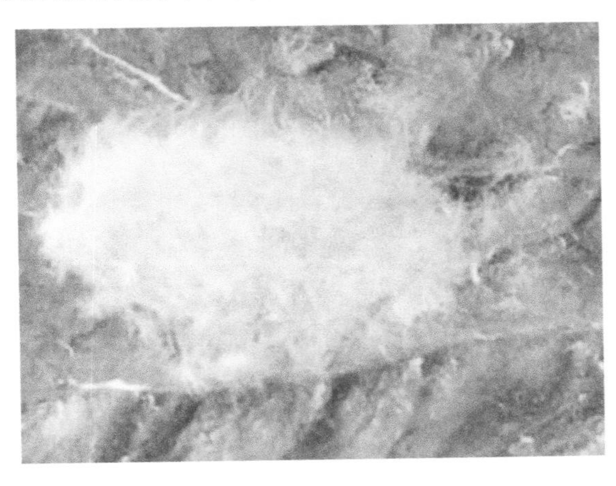

图4-22　为害状

食量骤增。虫口密度高时，叶片被吃光。仅留主脉，呈扫帚状。

（二）形态特征

成虫（图4-23）体长14～20mm，翅展30～40mm，深褐色。前翅灰褐色，前翅环纹和肾纹之间有3条白线组成明显的较宽斜纹，故名斜纹夜蛾。自基部向外缘有1条白纹，外缘各脉间有1条黑点。卵馒头状、块产，表面覆盖有棕黄色的疏松绒毛。幼虫体长35～47mm，体色多变，从中胸到第九腹节上有近似三角形的黑斑各1对，其中，第一、第七、第八腹节上的黑斑最大。腹足4对。蛹长约15～20mm，腹背面第4～7节近前缘处有一小刻点，有1对强大的臀刺。

图4-23　成虫

（三）发生规律

在长江流域1年发生5～6代，世代重叠。主要发生期在7—9月，黄河流域则多在8—9月。成虫夜间活动，对黑光灯有趋性，还对糖、醋、酒及发酵的胡萝卜、麦芽、豆饼、牛粪等有趋性；卵多产于植株中、下部叶片的反面，多数多层排列，卵块上覆盖棕黄色绒毛。幼虫有假死性及自相残杀现象。日间潜伏于残叶或土粒间或接近土面的叶下，日落前再爬出为害。取食幼苗时，可将幼苗全株吃下。老熟幼虫在土中化蛹。以第二代（8月）对秋豇豆、叶菜秧苗、瓜、茄为害严重。9—10月上旬的第三代幼虫对大白菜、包心菜、花菜为害最重。

（四）防治方法

1. 农业防治

（1）清除杂草。

（2）利用成虫有趋光性和趋糖醋性的特点，可用频振式杀虫灯和糖醋盆等工具诱杀成虫。

（3）全面覆盖大棚或大棚顶部覆盖防雨薄膜，大棚四周覆盖防虫网，使害虫无法进入大棚。

（4）根据该虫卵多产于叶背叶脉分叉处和初孵幼虫群集取食的特点，在农事操作中摘除卵块和幼虫群集叶，可以大幅度降低虫口密度。

2. 药剂防治

在卵孵化高峰至低龄幼虫盛发期，突击用药。由于初孵幼虫聚集在卵块附近活动，3龄后分散，且有昼伏夜出的特性，因此，最好在3龄前，傍晚18：00以后施药。低龄幼虫药剂可选用苜蓿夜蛾核多角体病毒（奥绿一号）600～800倍液、24%甲氧虫酰肼（雷通）2 500倍液、5%啶虫隆（抑太保）、5%氟虫脲（卡死克）乳油2 000～2 500倍液，或10%溴虫腈（除尽）胶悬剂1 500倍液、2.5%氯氟氰菊酯（功夫）乳油2 000～3 000倍液。高龄幼虫可

用15%茚虫威（安打）悬浮剂3 000倍液、5%甲维盐4 000倍液或5%虱螨脲（美除）1 000倍液。

十三、同型巴蜗牛

（一）为害特征

成贝和幼贝以齿舌刮食叶、茎，造成空洞或缺刻，或咬断幼苗。可为害多种作物。

（二）形态特征

贝壳（图4-24）中等大小，壳质厚、坚实、呈扁球形。头发达，有2对触角，眼在后触角的顶端，口位于头部腹面，足在腹面，适于爬行。体外有一螺壳，呈扁圆球形或马蹄形。壳稍厚而坚固，壳硬，黄褐色或红褐色。卵圆球形，初产时乳白色，有光泽，孵化前为灰黄色。幼贝体形与成贝相似，稍小。

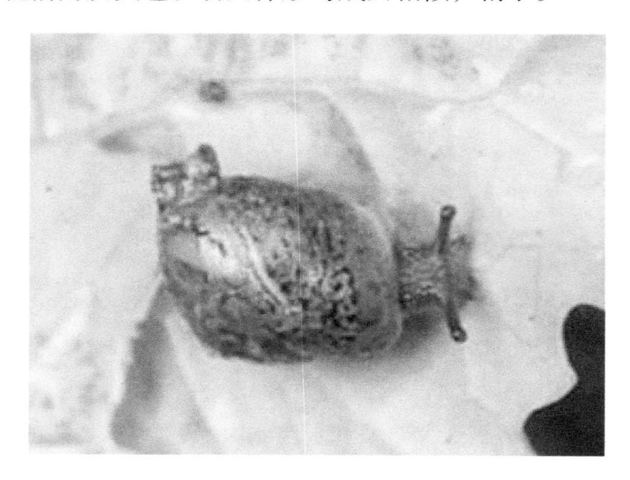

图4-24　同型巴蜗牛

（三）发生规律

一年发生1代，以成贝或幼贝在瓜菜田等作物根部、草堆石块下及其他潮湿阴暗处越冬，形成白膜封闭壳口。南方棚室2月、露地3月开始取食为害。4—5月成体交配产卵，7—8月为害秋播作物。在北山春季活动期比南力推迟1个月，进入冬眠提早1个月。蜗牛为雌雄同体，异体受精。适于多雨、潮湿的环境条件。阴雨天可昼夜活动取食，干旱时昼伏夜出。

（四）防治方法

1. 农业防治

（1）及时清除田边杂草，及时中耕，排出积水，可减轻为害。

（2）秋冬翻地可消灭越冬蜗牛，地膜覆盖可抑制蜗牛活动和发生。

（3）在田间堆积树叶、杂草、菜叶，夜间诱集害虫，白天可人工捕杀。在田边、沟边撒生石灰带或茶枯粉，可防止蜗牛进入为害。

2. 药剂防治

可在田间每667m^{2}撒6%四聚乙醛（密达、灭蜗灵）颗粒剂465～665g混干沙土10～15kg，均匀撒施在田间蜗牛经常出没处；还可用2%甲硫威（灭旱螺）颗粒剂330～400g、45%三苯醋酸（百螺敌）颗粒剂40～80g，宜在傍晚施药。

参考文献

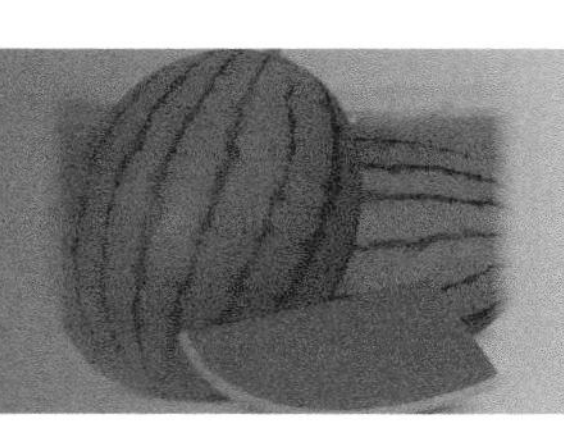

常青馨. 2018. 果蔬病虫害防治技术[M]. 重庆：重庆大学出版社.
侯振华. 2011. 西瓜种植新技术[M]. 沈阳：沈阳出版社.
李其友. 2014. 西瓜、甜瓜设施栽培[M]. 武汉：湖北科学技术出版社.
林淼. 2017. 图解设施西瓜高产栽培与病虫害防治[M]. 北京：化学工业出版社.
赵廷昌. 2015. 西瓜、甜瓜主要病虫害防治要领[M]. 北京：中国农业科学技术出版社.